図解 **眠れなくなるほど面白い**

数列の話

AKIRA MATSUSHITA
松下哲

01110001001111
01000101000111000100
1110100011101001111010
000111000101010010001
000111010000111010
01110001110001010
10000111010011111100
1110001010010000100
100111101000011100011111

日本文芸社

はじめに

　まずは、この本を手にとっていただきまして、誠にありがとうございます。著者のプロフィールを見て、「なぜ、俳優が数学の本を？」と不思議に思われた方もいらっしゃるかもしれません。

　何を隠そう、私自身も、旧知の編集担当さんからこのお話をいただいたとき、「なぜ、私が数学の本を？」と思ったくらいなのです（笑）。

　私自身について簡単にお話をさせていただきますと、算数や数学は昔から大好きで、大学では理系の学部に入り、数学の教員免許も取得しました。

　大学卒業後は、オーディオやビデオ機器、テレビ、半導体などを製造するメーカーに就職し、テレビなどの開発に携わりました。その後、俳優に転身しましたが、並行してIT系の仕事にも関わっているため、数学は常に身近な存在であり続けています。

　もしそのような“数学は大好きでずっと身近にはあるけれど、研究者ではない私”が、少しでも数学の面白さを、本書を手に取ってくださったみなさんにお伝えするお手伝いができるなら！　と、思い切って引き受けさせていただきました。

　数学が好きな人はもちろんのこと、「昔から数学は大の苦手だけど、少しはできるようになりたいなぁ……」、「まったく数学に興味はなかったけれど、ちょっと勉強してみたい」、「最近テレビでクイズ番組を見ていて数学に少し興味がわいた」という方にもできるだけ興味を持っていただけるよう、お伝えしていきたいと思いますので、よろしくお願いいたします。

さて、本書のテーマである「数列」は、高校２年生ぐらいの数学に登場する内容になります。

　2021年現在は、「数学Ｂ」に含まれていますが、私の時代は「基礎解析」という科目の中のひとつでした。

　理科系では必須の単元ですが、文科系・語学系等ではまったくふれなかった人もいると思います。「そもそも"数列"って何？」という人もいれば、「Σ（シグマ）という記号は見たことはあるけれど意味はわからない」という人もいるでしょう。中には、「数学は好きだったのに、Σが出てきて一気にわからなくなった……」なんて人もいるかもしれません（笑）。

　そんな方にも、できるだけイメージしていただけるよう、身近に潜んでいる数列や、生活の中で役立つような数列、さらには人と話すときにネタとして使えるトリビア的な数列なども紹介しています。

　最後まで気楽に読んでいただければ幸いです。

2021年3月

松下　哲

第0章

数列とは

数字が並んでいれば数列といえる?

　一般的な数学の教科書には、「数列とは、数の列である」くらいにしか書いてありません。「豚肉とは、豚の肉である」といわれているようなものです。ちょっと身も蓋もない感じですね。

　おまけに授業では、用語の説明もそこそこに等差数列（28ページ）の説明が始まり、新たな公式やΣ（シグマ）などの記号が登場し、どんどんイメージしづらくなっていき、途中でくじけてしまったという人も多いのではないでしょうか。

　たしかに「数列とは？」と聞かれたら、結局「読んで字のごとくですよ」という程度にしか説明しようがないのだと思います。しいて別のいい方を探すとしたら、「数を順番に並べたもの」でしょうか。じつは、それぐらい数列というのはありふれたもので、日常生活でも普通に使っているものなのです。

　たとえば、数字を覚えたばかりの子どもが石ころを数えるときは、

「1つ、2つ、3つ、4つ……」

　と順番に数を読み上げているのですから、これはもう立派な数列です。より詳しくいうならば、初項1、公差1の等差数列です。

　おおみそか、新年へのカウントダウン。

「10！　9！　8！　7！……」

　カウントが10から始まれば、それは初項10、公差−1の等差数列です。0で新年になってカウントダウンが終了するので、末項が0です。

　ブランド品のお店で高そうなバッグの値札を見て、

「一、十、百、千、万、十万……ヒーッ！」

　これも初項1、公比10の等比数列を数え上げていることになります。

　たとえば、ビンゴ大会での、すでに出た数字の一覧。

「25、13、8、17、1……」

　今までの例と違って、規則性はありませんが、これも出た順番に並んでいるので数列といえます。

　とにかく数字が何らかの共通の意味を持ち、順番に並んでいれば、数列と考えることができます。

数と数列の違いは？

　今度は数列を、「数」と「数列」の違いから考えたいと思います。

　より具体的にイメージするために、「人」と「人の行列」にたとえてみます。
　とある商店街に行列のできる評判のラーメン屋があったとします。その商店街を行き交うのはただの「人」ですが、ラーメン屋の行列に並んでいるのは「行列に並んでいる人」です。
　別のいい方をすると、もともとは他と同じただの「人」が、列の最後尾に並んだ瞬間、「行列に並んでいる人」になります。

「人」と「行列に並んでいる人」の違いのポイントは2つあります。
　1つめは、ラーメン屋に到着した「順番に並んでいる」ことです。ただ集合しているだけでは、列にはなりません。
　数列も数を順番に並べたものですから、まったく同じですね。

　2つめは、「ラーメン屋で食事をする」という「共通の目的がある」ことです。普通は、何の目的もなく行列に並ぶことはありません。
　数列も同じで、何かしらの目的を持った「集合」になっています。数は意志を持たないので、「目的」を「意味」や「性質」と表現したほうが適切かもしれません。「順番」と「共通の意味」、この2つが数列に必須な要素です。

　たとえば、気象観測データをとる際に、せっかく月ごとに晴れの日数を記録したにも関わらず、月の順番を無視してランダムに並べてしまったら、役に立たないデータになってしまいます。また、月ごとに順番に並んでいたとしても、6月までは晴れの日数だったのが、7月から急にリンゴの収穫量に変わってしまったら、やはりよくわからない「ただの数」になってしまいます。

　数列は、共通の意味を持った数字がきちんと順番に並んでいることで、はじめて活用できるものなのです。

行列に並んでいる人
＝「順番」と「共通の意味」がある

ら〜めん

道行く人 ＝「順番」も「共通の意味」もない

せっかく観測したのに…

	1月	2月	3月	…
☀	10	12	15	…
☁	15	13	13	…
☔	6	3	3	…
⋮	⋮	⋮	⋮	…

役に立たないデータに ✕

				…
☀	6	10	14	…
☁	10	15	10	…
☔	14	6	7	…
	↑6月	↑1月	↑8月	…

数列は役に立つの？

数列は何のために必要なのでしょうか。

数列は、数学における微分・積分、確率、統計学などの基礎となるだけでなく、物理学や経済学などさまざまな分野で必要不可欠な、数学の「道具」のようなもので、事象を説明したり、証明する数式の中にたくさん登場します。

その象徴的な存在が、数列の総和を示す Σ（シグマ）記号です（詳しくは20ページを参照）。関数の $y = f(x)$ とか、積分記号の $\int$（インテグラル）と並ぶインパクトがありますね。

100万円積み立てたときの10年後の貯金額は？

等比数列を考えるとき、身近な例のひとつとして積立貯金額やローン返済額などを計算する問題がよく取り上げられます。詳しくは110ページで説明しますが、数列の考え方を知っておくとなぜ便利なのか、簡単な例で考えてみたいと思います。

たとえば100万円を定期預金で積み立てるとします。元金にだけ利息がつく「単利」で、年利0.2％としたとき、10年後の貯金額がいくらになるかを考えてみます。

※ここではあえて税金については考慮しません。

元金を a、年利を r、n 年後の金額を b とすると（金額の単位は万円）、1年経過時の金額は「元金＋この1年で増えた利息」なので、

$$a + ar = a(1 + r)$$ と表せます。

2年経過時の金額は、「1年経過時の金額＋この1年で増えた利息」なので、$a(1 + r) + ar = a(1 + 2r)$。

3年経過時の金額は、$a(1 + 2r) + ar = a(1 + 3r)$ と考えていくと、

　学問の世界だけでなく、日常生活でも数列を使った考え方をするとよいことがたくさんあります。

　数列の使いどころはなんといってもその規則性にあります。
　なんとなく並んでいる数や物に規則性を見い出すことで、何度もくり返して同じ計算をする必要がなくなり、複雑な問題があっさり解けてしまうこともあり、非常に便利です。

　問題解決のために工夫をしたり、規則性を見い出したりするのに数列は大いに役立ちます。
　また、数列を使った考え方で、数学的センスを養うこともでき、とても魅力的な分野なのです。

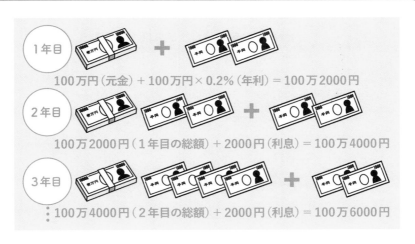

　n年後の金額は、$b = a(1 + nr)$ と表せます。
　aに100、nに10、rに0.002（0.2％）を代入すると、10年後の貯金額は

$$100(1 + 10 \times 0.002) = 102 万円 \quad となります。$$

歴史に名を刻んだ、偉大なる数学者たち

　本書に登場する、数列に関係している主な数学者たちを年表にまとめてみました。

数学者	世界の主なできごと
ピタゴラス *Pythagoras* 紀元前572年頃〜前492年頃? ギリシャの数学者。ピタゴラスの定理、ピタゴラス音階 など	ユダ王国滅亡 紀元前586年頃? (古代イスラエル) 孔子誕生 紀元前550年頃(中国) ペルシア戦争 紀元前500年頃 (ギリシャとペルシア周辺)
ユークリッド（ユークレイデス） *Euclid* 紀元前300年頃? ギリシャの数学者。『原論』の執筆・出版 など	マウリヤ朝が成立 紀元前317年頃（インド） 共和政ローマがイタリアを統一 紀元前270年頃（ヨーロッパ）
アルキメデス *Archimedes* 紀元前287年頃〜前212年頃 ギリシャの数学者。アルキメデスの原理、てこの原理、取り尽くし法、円周率の近似値 など	秦が中国統一 紀元前221年頃 (中国)
レオナルド・フィボナッチ *Leonardo Fibonacci* 1170年頃〜1250年頃 ※フィボナッチは愛称で、本名に近いのは、レオナルド・ダ・ピサ イタリアの数学者。『算盤の書』の執筆・出版、フィボナッチ数列など	源頼朝が鎌倉幕府を成立 1192年（日本） チンギス＝ハンがモンゴル帝国を成立 1206年（モンゴル）
ゴットフリート・ヴィルヘルム・ライプニッツ *Gottfried Wilhelm Leibniz* 1646年〜1716年 ドイツの数学者・科学者・哲学者・政治家・外交官。微分積分記号の考案、二進法の考案など	第1次英蘭戦争が起こる 1652年（ヨーロッパ） 名誉革命が起こる 1688年（イギリス）
シュリニヴァーサ・ラマヌジャン *Srinivasa Ramanujan* 1887年〜1920年 インドの数学者。ランダウ・ラマヌジャンの定数、擬テータ関数など	フランスと天津条約が結ばれる 1885年（中国） キュリー夫妻がラジウムを発見 1898年（フランス） ライト兄弟が初飛行に成功 1903年（アメリカ）
ロジャー・ペンローズ *Roger Penrose* 1931年〜 イギリスの数理物理学者・数学者、科学哲学者。ペンローズの階段、ペンローズの三角形、ペンローズ・タイル など	第2次世界大戦が勃発 1939年 第2次世界大戦が終戦 1945年 ソビエト連邦が崩壊 1991年(旧ソ連)

左側縦書き見出し：紀元前 ／ 12世紀〜20世紀

第 1 章

数列の
しくみ

目を凝らせば浮かび上がってくる！
数列の規則性を見抜こう

　まずは数列になじむために、次の□に何が入るか考えてみましょう。3つめは数列ではありませんが、気にせずに考えてみてください！

① 　1, 4, 7, □, 13, 16, 19, …
② 　5, 50, 500, □, 50000, 500000, …
③ 　S, M, T, W, T, □, S

　①は、数字を眺めてみると、1から始まり、3ずつ増えているのがわかりますね。よって、□には10が入ります。
　②は、5から始まり、桁が1つずつ増えているので、□には5000が入ることがわかります。
　③はどうでしょうか。①、②との違いは、アルファベットであること、そして、①、②が無限に続いているのに対して、③は7つ目の文字、Sで列が終わっています。身近なものを思い浮かべてみると……、Sunday、Monday、Tuesday、…と、「曜日」の頭文字になっていることが見えてきます。日曜日始まりなので、□は金曜日＝Fridayの頭文字「F」が入ります。

　このような穴埋め問題を解くとき、おそらくほとんどの人が無意識のうちに、まず「どういう規則性があるのか」ということを考えるはずです。具体的にいうと、「どういう性質の数や文字が、何から始まり、どのような順番で並び、どこまで続いているのか」。そして、その規則性がわかった瞬間、最高にスッキリする感覚が得られるのではないでしょうか。

　数列が持つ規則性は、数列の本質そのものです。規則性さえ見抜ければ、□を埋められるのはもちろん、数列が無限に続いていくとどうなるのかも推測できますし、合計を効率よく求めることもできます。

　学校で学ぶ数列の問題は、規則性がすでに与えられていて、公式にあてはめたり、式を変形したり、というような計算力を問われるものが多く、退屈に感じた

人もいると思います。でも、本来数列の面白さは、この「規則性を見抜く」というところにあります。

規則性を決めてしまえば、問題をつくることもできます。「どういう性質の数や文字が、何から始まって、どのような順番で並んでいるのか」を決めればOKです。規則性を複雑にすればするほど難しさもアップします。問題をつくることで理解もより深まるので、ぜひトライしてみてくださいね。

問題をつくってみよう!

①数列の規則性を決める

> ・2倍になっていく整数 　・小さい数から順に並ぶ
> ・1から始まる 　　　　　・無限に続いていく

②数列を書く

1, 　2, 　4, 　8, 　16, 　32, 　64, 　128, …
　　2倍　2倍　2倍　2倍　…

③埋める「穴」を決める

1, 　2, 　4, 　8, 　□, 　32, 　64, 　128, … ← 問題が完成!

★規則性を複雑にすると、難易度アップ!

規則性を次のように変更する

> ・増える数が1から始まって2倍になっていく整数
> ・3から始まる

3, 　4, 　6, 　10, 　18, 　34, 　68, 　…
　+1　+2　+4　+8　+16　+32

> 3, 　4, 　□, 　10, 　18, 　□, 　68, 　…
>
> のように、穴の数を増やすのもいいですね!

マスターすればあとがラク！
数列で使う用語

　数式や証明の説明をするときにはどうしても専門用語を使わざるを得ません。
このあとに出てきますので、最初に確認しておきましょう。

　まず「整数」です。1とか2とか0とか－100とか、とにかく小数点以下がな
い数字です。正の整数は1以上の整数、負の整数は－1以下の整数です。0は正
でも負でもありません。

　「自然数」は、高校の教科書では1以上の整数、すなわち正の整数と同じと書か
れています。ただし、数学の世界では分野によって0を含めるかどうかの解釈が
分かれているそうです。

　自然数は英語で「natural number」といいます。現物を数えたり順番をつけ
たりするための数というニュアンスが込められています。そこに0を含めるかど
うか、確かに難しいですね。

　「0」の話は、これはこれでとても深いのですが、今回は数列がテーマですので
割愛します。ここでは、1以上の整数としておきます。

　次に、数列関連での基本的な用語です。

・数列の中身の数　→　「項」
・数列の項の数　→　「項数」
・数列の中でn番目の項　→　「第n項」
・数列の最初の項　→　「初項」
・数列の最後の項　→　「末項」

　たとえば、1, 3, 5, 7, 9　という数列があった場合、項数は5、初項は1、末
項は9です。第2項は？　と聞かれたら、2番目の項なので「3」が正解です。

数列の中でも特徴があるものは、以下のように名称を付けて区別されています。

・等差数列　→　隣り合う項の差が常に同じ数列
・等比数列　→　隣り合う項の比が常に同じ数列
・階差数列　→　隣り合う項の差を新たな数列として考えたもの
・群数列　→　数列を群（グループ）に分けて考えたもの

それぞれ、別のページでふれていますので、そちらも読んでみてください。

数列の構成

$$1, \quad 3, \quad 5, \quad 7, \quad 9$$
初項　第2項　第3項　第4項　第5項　　この数列の項数は5

さまざまな数列

等差数列
$$1, \quad 3, \quad 5, \quad 7, \quad 9, \quad 11, \quad \cdots$$
+2　+2　+2　+2　+2　　　…

等比数列
$$1, \quad 2, \quad 4, \quad 8, \quad 16, \quad 32, \quad \cdots$$
×2　×2　×2　×2　×2　　　…

階差数列
$$2, \quad 3, \quad 5, \quad 8, \quad 12, \quad 17, \quad \cdots$$
差 →
$$1, \quad 2, \quad 3, \quad 4, \quad 5, \quad \cdots$$　等差数列になっている
+1　　+1　　+1　　+1　　　…

群数列　　$1, \mid 2, 3, 4, \mid 5, 6, 7, 8, 9, \mid 10, 11, \cdots$

有限数列　$1, 3, 5, 7, 9$　末項がある

無限数列　$1, 3, 5, 7, 9, 11, 13, 15, \quad \cdots$　無限に続く

ラスボス感より便利さが勝つ！
数列で使う記号

他の単元（題材）同様、数列にも新しい記号が登場します。

何といっても数列の象徴的な存在ともいえるのが「Σ（シグマ）」です。積分の「$\int$（インテグラル）」に匹敵する見た目のインパクトにはラスボス感がありますが、数式を使う学問では当たり前のように登場する、大変便利な記号です。

まずはこのΣを見ていきましょう。

Σはギリシャ文字の大文字で第18字にあたります。英語でいうところの「S」であり、総和を意味する「Summation」の頭文字に由来します。スイスの有名な数学者、オイラーの著書に用いられたのが最初といわれています。

以下のような数列の和を考えてみましょう。

$$a_1 + a_2 + \cdots\cdots + a_n$$

k番目の項をa_k、数列をまとめて簡単に$\{a_k\}$と表すと、kに1からnまで順番に代入した総和が

$$\sum_{k=1}^{n} a_k$$

という式で表せます。

上にも下にも数式が現れるのがΣの特徴ですね。上がnで下が$k=1$の場合、「kに1からnまで順に代入していく」という意味です。

kを「添字」といい、数列を構成する数の順番を示す記号になります。英訳は「インデックス」ですが、そのほうがイメージしやすいという人もいるのではないでしょうか。このような記法を「添字表記法」と呼び、プログラミングの分野でも多用されています。

$$\sum_{k=1}^{n} a_k$$

k に、1 から n まで順番に代入して、くり返し足していく

$$a_1 + a_2 + a_3 + \cdots + a_n$$

↓ 同じ意味

$$\sum_{k=1}^{n} a_k$$

シグマ記号の書き順

2画

1画

書き順にとくに正解不正解はありません。

ちなみに、私は「つめ」ありの1画派でした

シグマ記号の書き方

「つめ」あり　　「つめ」なし

21

この時点で、a、k、n と３つアルファベットが出てきます。それぞれ役割は異なるのですが、ちょっと混乱しますね。とくに、$k = n$ のように、変数に変数を代入する、という考え方に慣れるまで時間がかかったのを覚えています。

ところで、もし Σ が使えなかったとしたら、どうなるでしょうか。

ある数式で数列の和を使いたいとしても、毎回、$(a_1 + a_2 + \cdots + a_n)$ のように、三点リードで結んだ数式を書かなくてはいけませんし、見た目もわかりにくくなります。それが Σ を使うことで記述量がぐっと減ります。

また、「Σ は合計」という認識が定着しているので、数値の算出方法の説明のときに便宜的に使われることがあります。

たとえば、各クラスのテストの点数が前回に比べて今回はどれくらいアップ（ダウン）したのかを比較するとしましょう。各クラスで人数が違うことがあるので、平均点を出す必要があります。

その算出方法を検討するとき、「まず前回のテストの点数のクラスの平均点を求め、次に今回のテストの点数のクラスの平均点を求め、その差を求め……」と言葉で伝えてもよいのですが、

$$\{\Sigma（今回の点数）\div（今回の人数）\} - \{\Sigma（前回の点数）\div（前回の人数）\}$$

としたほうがスッキリしていてわかりやすくありませんか？　ラスボス感のある Σ ですが、じつはかなり便利で親切なものなのです。

ちなみに、足した合計を「Σ」で表せるように、「掛けた合計」を表す記号もあります。「総積」あるいは「総乗」といい、記号は「Π」で、読み方はパイです。

パイといえば、円周率のほうが有名ですね。円周率は小文字の「π」、総積は大文字の「Π」で区別しています。円周率の π はギリシャ語で「周」を表す言葉の頭文字に、総積の Π はギリシャ語で「積」を表す言葉の頭文字に由来しています。

「Σ」は大文字で、小文字は「σ」と書きます。特に統計学で標準偏差（データのばらつきを表す指標）を表す記号として有名です。統計学では、「Σ」も「σ」もよく使いますが、読み方は同じ「シグマ」でも、「合計」と「標準偏差」で意味が異なるため注意が必要です。

 ちょっとひと休み

数列理解度クイズ

　冒頭から、いきなりいろんな用語や記号やアルファベットが登場してちょっと大変でしたね。

　ちょっとここで、ひと息入れながら、クイズ形式で簡単におさらいをしてみましょう！

1．数列の「最後の項」をなんというでしょう？
　　①　初項　②　末項　③　終項

2．隣り合う項の「差（違い）」が常に同じである数列をなんというでしょう？
　　①　等比数列　②　等差数列　③　階差数列

3．1,| 2, 3,| 4, 5, 6,| 7, …のように、グループに分けて考える数列をなんというでしょうか？
　　①　群数列　②　組数列　③　連数列

4．次のうち、項の数が決まっている数列はどちらでしょう？
　　①　有限数列　②　無限数列

5．「Σ」の記号の意味は？
　　①　対数　②　数列の総積（総乗）　③　数列の和

6．以下の式の意味を表す文章を、数字や記号やアルファベットを使って完成させてください。

　　$\displaystyle\sum_{k=1}^{n} a_k$ は、数列 {□} の第□項から第□項までの和である。

答え：1．②　2．②　3．①　4．①　5．③　6．（左から）a_k, 1, n

規則性を見つけるのがカギ

数列を数式で表してみよう

　たとえば、2, 4, 6, 8, 10, …という数列があったとします。この数列の100番目の数を知りたいというときに、2ずつ足す計算を実際に100回くり返すのはとても大変です！

　そこで、この数列の規則性に注目して、以下のように考えてみます。

> 　1つめは2で、2つめは4で、3つめは6となっているから、この数列の項は、順番を2倍したものです。
>
> 　だから100番目は200になります。

　これなら1回の計算で済みますし、たとえば1000番目でも10000番目でも、そのまま応用できますね！　この説明を言葉ではなく数式で表してみましょう。

一般項

「数列の n 番目の項を、n を使った数式で表したもの」を一般項といいます。

　たとえば、先ほどの偶数が並んだ数列

$$2, 4, 6, 8, 10, \cdots$$

の一般項は、

$$a_n = 2n \, (\, n \geqq 1 \,)$$

> nは1以上の自然数であることを表すために、このように不等式を添える場合がほとんどです。

と表せます。

$n = 100$ を代入すると、

$$2 \times 100 = 200$$

となります。

同様に、$n = 1000$ のときは2000、$n = 10000$ のときは20000です。

一般項がわかれば、n項目の数がすぐわかる！

$a_n = 2n \, (\, n \geqq 1 \,)$ の場合

$n = 100$ ⇨ $a_{100} = 2 \times 100 = 200$

$n = 1000$ ⇨ $a_{1000} = 2 \times 1000 = 2000$

$n = 10000$ ⇨ $a_{10000} = 2 \times 10000 = 20000$

　数列の規則性を見つけて、一般項という数式で表すことで、数列の性質を正確に表現することができます。

漸化式

　一般項は、nが決まれば答えが決まる、という関係性を示す数式ですが、数列からすぐに関係性を推測できないケースもたくさんあります。

　そこで、数列では、隣り合う項同士の関係性から一般項を導くこともあります。隣り合う項同士の関係を表す式を漸化式（ぜんかしき）といいます。

a_nとa_{n+1}、場合によってはa_{n+2}やa_{n+3}などとの関係性を数式で表します。

　たとえば、

$$a_{n+1} = a_n + 1$$

という式であれば、「$n + 1$番目の数」は「n番目の数」に1を加えたものという意味なので、$a_1 = 1$ という条件の下で漸化式を適用すると、

$$a_2 = a_1 + 1 = 1 + 1 = 2$$

$$a_3 = a_2 + 1 = 2 + 1 = 3$$

$$a_4 = a_3 + 1 = 3 + 1 = 4$$

というように、数列の各項を計算していくことができます。

また、偶数の数列は、$a_n = 2n$、$a_n = 4n$ など係数（2や4）が偶数になっているもののほか、「隣り合う項同士の差が2」「隣り合う項同士の差が4」などとも考えられます。ここでは「隣り合う項同士の差が2」について考えてみます。まず漸化式は、

$$a_{n+1} = a_n + 2$$

で表せます。この漸化式から、一般項 a_n を導いてみましょう。実際に数を代入していきます。

$n = 1$ のとき　$a_1 = 2$

$n = 2$ のとき　$a_2 = a_1 + 2$　　←2が1個

$n = 3$ のとき　$a_3 = a_2 + 2 = a_1 + 2 + 2$　　←2が2個

$n = 4$ のとき　$a_4 = a_3 + 2 = a_1 + 2 + 2 + 2$　　←2が3個

　　　⋮

$n = k$ のとき　$a_k = a_1 + 2 + 2 + \cdots + 2$　　←2が（$k-1$）個

　　　　　　　　$= a_1 + 2(k-1)$

> 2は代入する数より
> 1個少ないことがわかる！

となることから、a_n は a_1 に2を（$n-1$）回足した数になることがわかるので、

$$a_n = a_1 + 2(n-1)$$
$$= 2 + 2(n-1) = 2n$$

よって、

$$a_n = 2n\,(n \geq 1)$$

これで、一般項を求めることができました。

この例では、「順番を2倍」と考えるほうがはるかにシンプルですが、すぐに一般項を推測できない場合は、このようにして求めたり、方程式を使って求めたりします。もちろん、素数を並べた数列など、一般項という形で表せない数列もたくさんあります。

等差数列と漸化式の関係

隣り合う項同士の関係を表す式

$$a_{n+1} = a_n + 2$$

※変形すると

$$a_{n+1} - a_n = 2$$

隣り合う項の差が2（一定）なので、$\{a_n\}$ は等差数列である。

☆漸化式から一般項を求める

$$a_1 = 2$$

$$a_2 = a_1 + 2 = 4$$

$$a_3 = a_2 + 2 = \underline{(a_1 + 2) + 2} = 6$$

                └ a_1 に2を2回足す

$$a_4 = a_3 + 2 = (a_2 + 2) + 2$$
$$\qquad\quad = \underline{(a_1 + 2) + 2 + 2} = 8$$

                       └ a_1 に2を3回足す

$$a_n = a_{n-1} + 2 = \underline{a_1 + 2 \times (n-1)}$$
$$\qquad\qquad = 2 + 2n - 2 \quad \text{└} a_n \text{は、2を} (n-1) \text{回足したもの}$$
$$\qquad\qquad = 2n$$

高校の数列の単元では、漸化式に関する内容がメインです。漸化式にはさまざまなパターンがあり、分数の形や、2つの漸化式から2つの数列の一般項を求める連立方程式のような形、3つ以上の項を使った形など、それぞれ解き方を習得する必要があるため、私も漸化式だけ載っている本を買って勉強した記憶があります。

漸化式は、図形や確率などの分野とも相性がよく、融合問題としてもよく登場します。いずれにしても、隠された規則性をうまく導き出せるかどうかがポイントになり、数学的センスを養うのにとても向いている内容です。

［いろいろな数列①］等差数列

隣り合う項の差が常に等しい

ひとえに「数列」といっても、じつはいろいろな種類があります。
ここからは、どのようなものがあるのか説明していきたいと思います。

16ページにも出てきましたが、ここで再度空欄に入る数字を考えてみてください。

1、 4、 □、 10、 13、 16…

差に着目すると…

1、 4、 □、 10、 13、 16…

3 ? ? 3 3

　隣り合う数字との差が3というルールがありそ
うですね。よって、□には7が入ると予測できます。

　右図のように、横軸をn、縦軸を数列の要素a_n
としてグラフを描くと、直線的に増えていくの
がわかります。
　このように、隣り合う数字の差が常に同じ数
列を等差数列、隣り合う数字の差を「公差」とい
います。

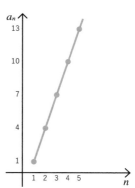

等差数列の一般項

　一般項とは、「ある数列のn番目の項を、数式で表したもの」でしたね。等差数
列の一般項は、公式で求めることができます。

> 公式：初項a、公差dの等差数列のn番目の項は、
> $$a_n = a + (n-1)d である$$

chapter 4

1番目の項：初項 $= a$

とすると、以降、d ずつ増えていくため、

2番目の項：$a + d$

3番目の項：$a + 2d$

4番目の項：$a + 3d$

n 番目の項：$a + (n - 1)d$

となります。

最初に例示した数列 　1, 4, 7, 10, 13, 16, … 　の一般項を求めてみましょう。

初項は1、公差は $4 - 1 = 3$ ですので、等差数列の公式にあてはめると、

$a_n = 1 + 3(n - 1) = 3n - 2$

となります。

たとえば、$n = 5$ を代入すると、$3 \times 5 - 2 = 13$ で、確かに合っていますね。

　一般項を n についての数式で求めることにより、n に数値を代入するだけで n 番目の項をすぐに求めることができます。

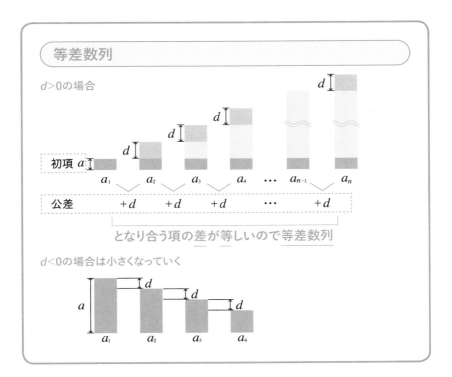

等差数列の和

じつは、等差数列の n 項目までの和も公式で求めることができます。

　等差数列の末項を l（エル）として、初項 a、公差 d、項数 n とします。

　第 n 項までの和を S_n としたとき、次のように表せます。ちなみに、S は英語の足し算を表す sum（サム）の頭文字です。Excel の関数で使ったことがある人も多いのではないでしょうか。

$$S_n = a + (a + d) + (a + 2d) + \cdots + (l - 2d) + (l - d) + l$$

この項の順番を逆にして書いてみます。

$$S_n = l + (l - d) + (l - 2d) + \cdots + (a + 2d) + (a + d) + a$$

次に 2 つの式を足してみると…

$$
\begin{array}{ccccccccccccc}
S_n = & a & + & (a + d) & + & (a + 2d) & + & \cdots & + & (l - 2d) & + & (l - d) & + & l \\
+\ S_n = & l & + & (l - d) & + & (l - 2d) & + & \cdots & + & (a + 2d) & + & (a + d) & + & a \\
\hline
2S_n = & (a + l) & + & (a + l) & + & (a + l) & + & \cdots & + & (a + l) & + & (a + l) & + & (a + l)
\end{array}
$$

項は全部で n 個

ゆえに　$2S_n = (a + l) \times n$ と表せるので、

$$S_n = \frac{n}{2}(a + l)$$

また、末項がわからない場合は、末項は $a + (n - 1) \times d$ と表せるので、そのまま代入すると、

$$S_n = \frac{n\{a + a + (n - 1) \times d\}}{2} = \frac{n}{2}\{2a + (n - 1)d\}$$

以上、2 つの公式をまとめると、

①末項（n項目）の値がわかっている場合、末項をl（エル）とし、初項a、項数nの等差数列の和

$$S_n = \frac{n}{2}\left(a + l\right)$$

②初項a、公差d、項数nの等差数列の和

$$S_n = \frac{n}{2}\{2a + \left(n - 1\right)d\}$$

こちらも最初に例示した数列 1, 4, 7, 10, 13, 16, …で和を求めてみましょう。たとえば1〜5項目までの和は、初項が1、公差が3なので、

$$\frac{5 \times \{2 \times 1 + 3\left(5 - 1\right)\}}{2} = 35$$

となります。実際に、$1 + 4 + 7 + 10 + 13$を計算してみると、35になることがわかりますね。

公式は2種類ありますが、末項がわかっている場合や、すぐわかる場合は①を使うほうが早く解を導き出せて便利です。

例題：次の数列の和を求めなさい。

1, 3, 5, 7, 9, 11, 13, 15, 17, 19

上記①の解き方：初項1、項数10、末項19なので

$$\frac{10}{2}\left(1 + 19\right) = 5 \times 20 = 100$$

上記②の解き方：初項1、項数10、公差2なので

$$\frac{10}{2}\{2 \times 1 + \left(10 - 1\right) \times 2\} = 5 \times 20 = 100$$

どちらも同じ結果になる！

隣り合う項の比が常に等しい
［いろいろな数列②］ 等比数列

　等比数列とは、隣り合う項の比が常に等しい数列のことです。等差数列では足し算でしたが、等比数列では掛け算が使われます。

　隣り合う項の比を「公比」といいます。

　たとえば、以下のような等比数列があったとします。

$$1, 2, 4, 8, 16, 32, \cdots$$

　等差数列のときと異なり、曲線上に並んでいます。曲線の形は、公比の大きさによって大きく変わってきます。

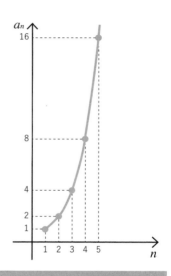

等比数列の一般項

　等比数列の一般項も、公式で求めることができます。

　公式：初項 a、公比 r の等比数列の n 番目の項は、

$$a_n = ar^{n-1}$$

$$\{a_n\} : a_1, \ a_2, \ a_3, \ a_4, \cdots a_{n-1}, \ a_n$$

$\times r \quad \times r \quad \times r \qquad\qquad \times r$

r が（$n-1$）個

　初項を a とし、項が進むごとに公比 r を掛けていきます。

最初に例示した数列　1, 2, 4, 8, 16, 32, …　の一般項を求めてみましょう。

初項は1、公比は2なので、

$$a_n = 1 \times 2^{n-1} = 2^{n-1}$$

になります。たとえば、$n = 5$ を代入すると、2の4乗ですから、$2 \times 2 \times 2 \times 2 = 16$ で、たしかに合っています。

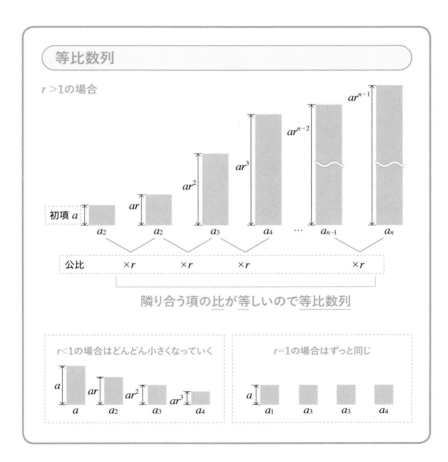

等比数列の和

等比数列のn項目までの和についても、公式があります。

公比 $r = 1$ のときとそれ以外のときで場合分けされ、次のように表せます。

$r = 1$ のときは、 $S_n = na$

$r \neq 1$ のときは、 $S_n = \dfrac{a(1 - r^n)}{1 - r} = \dfrac{a(r^n - 1)}{r - 1}$

最初に例示した数列の、1〜5項目までの和は、公比が2ですので、

$$S_5 = \frac{1 \times (1 - 2^5)}{1 - 2} = \frac{1 - 32}{1 - 2} = 31$$

となり、 $1 + 2 + 4 + 8 + 16 = 31$ ですので、一致していますね。

ところで、 $r \neq 1$ のときの公式は、簡単に導くことができます。図のように、S_n から、S_n に公比 r をさらに掛けたものを引くと、

$$(1 - r)S_n = a(1 - r^n)$$

$r \neq 1$ ですので、両辺を $1 - r$ で割ると、

$$S_n = \frac{a(1 - r^n)}{1 - r}$$

になります。

数列の和を扱う問題では、このように、数列の和同士を計算して途中の項をまとめて打ち消し合う、という考え方であっさり解ける場合があります。

等比数列の和　公式の導き方

初項 a、項数 n、公比 r ($r \neq 1$)
$r < 1$ のとき

$$S_n = a + ar + ar^2 + ar^3 + \cdots + ar^{n-1} \quad \cdots ①$$

式全体に r を掛ける。

$$rS_n = ar + ar^2 + ar^3 + ar^4 \cdots + ar^n \quad \cdots ②$$

①から②を引くと

すべて打ち消し合う！

$$S_n = a + \cancel{ar} + \cancel{ar^2} + \cancel{ar^3} + \cdots + \cancel{ar^{n-1}}$$
$$-) \ rS_n = \quad \cancel{ar} + \cancel{ar^2} + \cancel{ar^3} + \cdots + \cancel{ar^{n-1}} + ar^n$$

$$(S_n - rS_n) = a \qquad\qquad\qquad - ar^n$$

よって、

$$(1 - r) S_n = a (1 - r^n)$$

$$S_n = \frac{a (1 - r^n)}{1 - r}$$

$r > 1$ のとき

$$S_n = \frac{a (r^n - 1)}{r - 1}$$

> どちらの公式を用いても結果は同じになりますが、公比が1より大きいか小さいかで使い分けると計算がしやすくなります。1や2などの整数を代入してみて同じ数になるのを確認してみましょう。

隣り合う項の差に着目!
［いろいろな数列③］ 階差数列

　一見、規則性がなさそうな数列でも、隣り合う項の差に注目すると、規則性が見つかる場合があります。

　たとえば、以下のような数列を考えてみましょう。

2, 3, 5, 8, 12, 17, …

　パッと見た感じだと、等差数列でも等比数列でもなく、規則性もなさそうに見えます。

　そこで、図のように隣り合う項の差を計算してみると……、

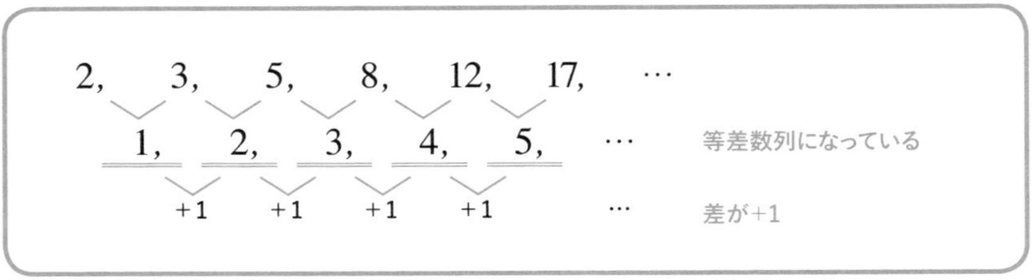

　1, 2, 3, 4, 5, …と、自然数が順番に並んでいますね。つまり、等差数列になっているということがわかります。このように、数列の隣り合う項の差を数列と考えたものを階差数列といいます。階差数列を使うことで、数列の規則性を見つけ出せることがあります。

　次に、下記のような数列で考えてみましょう。

2, 10, 20, 34, 54, 82, …

　これも一見、規則性がないように見えますね。では、さっそく階差数列を使ってみましょう。

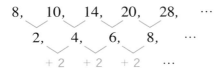

$$2, \quad 10, \quad 20, \quad 34, \quad 54, \quad 82, \quad \cdots$$
$$8, \quad 10, \quad 14, \quad 20, \quad 28, \quad \cdots$$

この階差数列だけでは規則性はまだ見えません。でも、数が小さくなってくると、なんとなく規則性がありそうな気がしてきませんか？ ここからさらに、階差数列を計算してみることにします。

$$8, \quad 10, \quad 14, \quad 20, \quad 28, \quad \cdots$$
$$2, \quad 4, \quad 6, \quad 8, \quad \cdots$$
$$+2 \quad +2 \quad +2 \quad \cdots$$

2の倍数であり、2ずつ増えていく等差数列であることが判明しました！

じつは、階差数列というのは、項が存在する限り、何段階でもつくることができるのです。この例のように階差数列が2段階の場合、最初の階差数列を第1階差数列、次の階差数列を第2階差数列といいます。

第1階差数列では規則性が見い出せなくても、第2階差数列では2の倍数が並んでいる**等差数列**であることがわかったので、規則性が見い出せました。

このように、一見規則性のなさそうな数列でも、少し手を加えると規則性が見えてくることがあります。

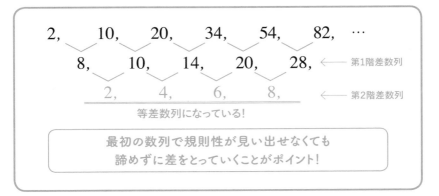

さて、元の数列の一般項はどのように求めればよいのでしょうか。

図のように、元の数列の初項に、階差数列の第（$n-1$）項までをすべて足したものが、元の数列の第n項、すなわち一般項になります。

2つの数列が出てきて複雑になってきたので、ここでいったん整理しておきましょう。

① 階差数列の一般項を求める
▼
② 階差数列の第（$n-1$）項までの和を求める
▼
③ 元の数列の一般項を求める

という手順になります。

では、最初に例示した数列

$2, 3, 5, 8, 12, 17, \cdots$ の一般項を求めてみます。

階差数列は、$1, 2, 3, 4, 5, \cdots$ ですから、階差数列の一般項はnです（第1項が1、第2項が2…）。

この階差数列の第（$n-1$）項までの和は、初項1、末項$n-1$、項数$n-1$ですので、等差数列の和の公式、

$$S_n = \frac{n}{2}(a+l)$$

に代入すると、

$$S_n = \frac{n-1}{2}\{1+(n-1)\} = \frac{n(n-1)}{2}$$

よって、最初の数列の一般項は、

$$2 + \frac{n(n-1)}{2} = \frac{n^2}{2} - \frac{n}{2} + 2$$

となります。

階差数列

元の数列の一般項a_nの求め方

元の数列 $\quad a_1, \quad a_2, \quad a_3, \quad a_4, \quad \cdots \quad a_{n-1}, \quad a_n, \quad \cdots$

階差数列 $\qquad b_1, \quad b_2, \quad b_3, \quad \cdots, \quad b_{n-1}$

この部分を足したものがa_nになるので、

$$a_n = a_1 + \sum_{k=1}^{n-1} b_k$$

等差数列 $\{b_n\}$ の一般項を求めて、上の式に代入すればいいだけです。

> 階差数列や、次のページで登場する群数列は、「数列から新たな数列をつくる」のがポイントです。ちょっとした工夫で規則性や関連性が浮かび上がってくるのも、数列の面白さのひとつ。いろいろ試して、数学センスを磨きましょう!

グループ化すると見えてくる!
［いろいろな数列④］ 群数列

自然数が下記のような表に並んでいたとします。

　左上に1があって、それを囲むように、2、3、4が並び、さらにそれを囲むように、5、6、7…と、何か規則性があるような感じがしてきませんか？

　さて、ここで問題です。100は左から何番目、上から何番目の位置にあるでしょうか？

1	2	5	10	17	···
4	3	6	11	18	···
9	8	7	12	···	···
16	15	14	13	···	···
···	···	···	···	···	···

　もちろん1つ1つ数字を書いていけば、いつかは100にたどりつくと思いますが、せっかくなので数列を使って考えてみましょう！

　図のように、一番上の行から一番左の列まで取り囲む部分を1つのグループと考えます。

　1 ／ 2,3,4 ／ 5,6,7,8,9 ／ 10,11,12,13,14,15,16 ／ 17,18,…

１つのグループとする

　このように、数列をグループに分けたものを群数列といいます。
　最初の数列の状態だと100が100番目にくることしかわかりませんが、群数列を使うと、「100が何群目に入るか」も新たにわかり、手がかりが増えます。群という「新たな数列」をつくり、数列の規則性を見通しやすくすることで、答えを導き出しやすくできるのです。

　ここで、各群に含まれる数の個数に着目すると、1群目は1個、2群目は3個、3群目は5個…となり、各群の個数は奇数の等差数列になっていることがわかります。

　n番目の奇数は（$2n-1$）と表せるので、第n群の個数は（$2n-1$）個になり、第1群から第n群までの数の個数の合計は、1から（$2n-1$）までの奇数の和になります。

　$1+3+5+\cdots+（2n-1）$が、100に近くなるようなnを求めれば、100が何群目に入るのかを推測することができます。

　1から（$2n-1$）までの奇数は、初項1、末項（$2n-1$）、項数nの等差数列なので、その合計は

$$S_n = \frac{n}{2}\{1+(2n-1)\} = \frac{n}{2} \times 2n = n^2$$

　nが10のとき、$n^2 = 100$なので、第1群から第10群までの数の個数の合計がちょうど100になることから、第10群の最後に100が現れるということがわかります。

> 図にあてはめてみると左から1つ目、上から10番目に100が現れる

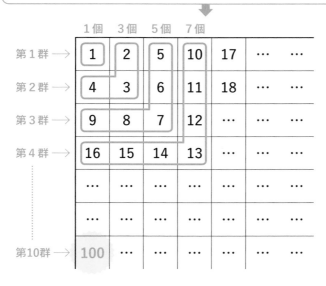

41

書き方からレクチャー！
Σを使ってみよう

　ここからは、いよいよラスボス的な存在のΣの登場です。比較的簡単な数列を例に、Σを使って計算をしていきましょう！

　まずは、Σ記号のおさらいです。

$$\sum_{k=1}^{n} a_k$$

Σの右にあるのがくり返し足していく数式や計算式など、Σの下にあるのが変数kに代入する最初の値、上にあるのが最後の値です。

　Σを用いて、数列a_nの初項から第n項までの和を表すと次のようになります。

$$\sum_{k=1}^{n} a_k = a_1 + a_2 + a_3 + \cdots a_n$$

（nは決められた定数、kは1, 2, 3, $\cdots$ nの変数）

　ちなみに、$a_4 + a_5 + a_6 + a_7 + a_8 = \sum_{k=4}^{8} a_k$のように、数列の途中の項の和を表すことができます。ただし、$a_4 + a_5 + a_6 + a_{10}$のように途中で抜けているものは表すことができません。

　実際に計算してみましょう。

　a_kを自然数とし、1から5までを足していくと、

$$\sum_{k=1}^{5} a_k = 1 + 2 + 3 + 4 + 5 = 15$$

となります。

　では、$\sum_{k=1}^{5} 2a_k$はどうなるでしょうか？

同じように、1から5までをそれぞれ2倍にしたものを足していきます。

$$\sum_{k=1}^{5} 2a_k = 2 \times 1 + 2 \times 2 + 2 \times 3 + 2 \times 4 + 2 \times 5$$
$$= 2 + 4 + 6 + 8 + 10 = 30$$

ちょうど、$\displaystyle\sum_{k=1}^{5} a_k$ の2倍になりますね。つまり、2倍にしてから足しても、すべて足してから2倍にしても同じ値になるということです。

これを公式として表すと、

$$\sum_{k=1}^{n} pa_k = p\sum_{k=1}^{n} a_k$$

となります。

ちなみに、$\displaystyle\sum_{k=1}^{5} 4$ この計算はどうなるでしょうか。

kに1から5まで代入し、くり返し足していくのは同じですが、数式にkが含まれていません。

つまり、kが変わっても、くり返し足していく数は4のままなので、単純に4を5回足して、

$$\sum_{k=1}^{5} 4 = 4 + 4 + 4 + 4 + 4 = 20$$

となります。

これを公式で表すと、

$$\sum_{k=1}^{n} c = nc \quad \text{（Cは実数）}$$

Σに関する公式はたくさんあるので、比較的使われやすいものを中心にご紹介します。とにかく、「Σはくり返し足す記号」と覚えておけば大丈夫です。

Have a Break!

ちょっとひと休み

Σ に数を代入してみよう！

$$\sum_{k=1}^{5} k$$

k = 1〜5
まで

$k = 1$ のとき	$k = $ 1
$k = 2$ のとき	$k = $ 2
$k = 3$ のとき	$k = $ 3
$k = 4$ のとき	$k = $ 4
$k = 5$ のとき	$k = $ 5

← 全部足すと15

$$\sum_{k=1}^{5} k = 15$$

$$\sum_{k=1}^{5} 2k$$

k = 1〜5
まで

$k = 1$ のとき	$2k = $ 2
$k = 2$ のとき	$2k = $ 4
$k = 3$ のとき	$2k = $ 6
$k = 4$ のとき	$2k = $ 8
$k = 5$ のとき	$2k = $ 10

← 全部足すと30

$$\sum_{k=1}^{5} 2k = \underline{30}$$

↑

$2 \times \sum_{k=1}^{5} k$ と同じ！

$$\sum_{k=1}^{5} 4$$

k = 1〜5
まで

$k = 1$ のとき	4
$k = 2$ のとき	4
$k = 3$ のとき	4
$k = 4$ のとき	4
$k = 5$ のとき	4

← 全部足すと20

$$\sum_{k=1}^{5} 4 = \underline{20}$$

↑

5×4 と同じ！

「Σは合計」という意味が定着していますので、数値の算出方法の説明のときに便宜的に使われることがあります。たとえば、あるクラスのテストの点数について、｛Σ（今回の点数）－Σ（前回の点数）｝÷（人数）というような書き方をすると、「前回に比べてアップ（ダウン）した点数のクラス平均」を求めていることがわかります。

Σに関する公式

①

$$\sum_{k=1}^{n} (a_k + b_k) = \sum_{k=1}^{n} a_k + \sum_{k=1}^{n} b_k$$

$$\sum_{k=1}^{n} (a_k - b_k) = \sum_{k=1}^{n} a_k - \sum_{k=1}^{n} b_k$$

数列$\{a_k + b_k\}$（$\{a_k - b_k\}$）の$1 \sim n$項目までの和（差）と、「数列$\{a_k\}$の$1 \sim n$項目までの和」と「数列$\{b_k\}$の$1 \sim n$項目までの和」の和（差）は等しい。

②

$$\sum_{k=1}^{n} p a_k = p \sum_{k=1}^{n} a_k$$

数列$\{a_k\}$のp（kに無関係な定数）倍の$1 \sim n$項目までの和と、数列$\{a_k\}$の$1 \sim n$項目までの和のp倍は等しい。

③

$$\sum_{k=1}^{n} k = \frac{1}{2} n (n + 1)$$

自然数$1, 2, 3, \cdots, n$の和。

④

$$\sum_{k=1}^{n} k^2 = \frac{1}{6} n (n + 1) (2n + 1)$$

自然数$1, 2, 3, \cdots, n$の2乗の和。

⑤

$$\sum_{k=1}^{n} k^3 = \left\{ \frac{1}{2} n (n + 1) \right\}^2$$

自然数$1, 2, 3, \cdots, n$の3乗の和。

⑥

$$\sum_{k=1}^{n} c = nc \quad （cは定数）$$

定数cの数列の$1 \sim n$項目までの和。

多くの人が脱落経験あり
数学的帰納法とは?

　数列の単元で、漸化式の次に登場するのが「数学的帰納法（すうがくてききのうほう）」です。

　数学的帰納法は、自然数nに関する命題が、すべての自然数nについて成り立つことを証明するための手法の1つです。

　数学における「命題」とは、真偽が必ず決まる文章のことです。また、自然数とは、1以上の整数のことをいいます。

　数学的帰納法は、基本的に、2段階に分けて証明します。

① n ＝ 1 のときに（ A ）が成り立つ
② n ＝ k のときに（ A ）が成り立つと仮定すると、
　 n ＝ k ＋ 1 のときにも（ A ）が成り立つ
③ ①、②から、すべての自然数について（ A ）が成り立つ

　②では、n ＝ k を代入した式を使って、n ＝ k ＋ 1 のときの式を再現して証明するというのがよくある手段です。

　たとえば、$a_1 = 1$，$a_{n+1} = 2a_n + 1 (n = 1, 2, \cdots)$ のような漸化式で考えてみると、

$a_1 = 1$

$a_2 = 2a_1 + 1 = 2 \times 1 + 1 = 3$

$a_3 = 2a_2 + 1 = 2 \times 3 + 1 = 7$

$\vdots$

と、ひとつ前の計算結果を使って、すべての自然数について値を求めることができます。

　同じように、①でn ＝ 1 のときに命題が正しいことがいえれば、②によってn ＝ 2 でも正しいことがいえ、さらにn ＝ 2 で正しいので、②によってn ＝ 3 でも、さらにn ＝ 4 でも……とドミノ倒しのように無限につながっていくため、「すべての自然数で正しい」ということが証明できます。

とくに漸化式の一般項が成り立つことを証明するのに有効な手法であるため、数列の単元のラストに登場します。

ところで、なぜわざわざ「数学的」というのでしょうか？　「数学をやってるのだから、当たり前じゃないか」と思いませんでしたか？

じつはこの「数学的帰納法」という名前は、「帰納法」という手法が本来は数学的ではないことからきているのです。

「帰納法」とは具体例から結論を推測する論理手法です。

有名な例で、

今まで自分が見たカラスはすべて黒かった
→　だからカラスは黒い

というものがあります。論理的には世界に1羽でも白いカラスが存在したら間違いということになりますが、カラスの特徴を知るには十分です。

しかし100%正しい結論を導き出したい数学には不向きな考え方です。

帰納法

ゆえに

すべてのカラスは黒い!!

しかし…

世界のどこかに白いカラスがいるかもしれない

「帰納法」の反対語は「演繹（えんえき）法」です。演繹法の代表が、ビジネスでもよく使われる「三段論法」です。

たとえば、

すべての猫は動物である

→ 吾輩は猫である

→ 吾輩は動物である

前提が正しければ結論も絶対に正しくなるのが演繹法で、数学は基本的にこちらを使うことが多いです。

ほかの証明問題と比べて、限られた例（$n = 1$ と $n = k$）から結論を導き出しているところが"帰納法"っぽいため、「数学的帰納法」と呼ばれているのです。

そう、帰納法っぽい、といった通り、数学的帰納法で得られた結論は、論理的に必ず正しいので、じつのところは演繹法の一種になります。

細かいいい方をすると、「本来は数学的じゃない帰納法っぽい演繹法」とでもいうのでしょうか。ややこしすぎますね。「帰納的演繹法」のほうがいいのではないかな、と個人的には思います。

数学的帰納法を使ってみよう！

　簡単な例題をやってみましょう。証明を読んで雰囲気を味わっていただくだけでも大丈夫です！

> 【例題】
> すべての自然数 n について、$1 + 2 + \cdots + n = \dfrac{n(n+1)}{2}$ であることを数学的帰納法で証明せよ。

　命題は「$1 + 2 + \cdots + n = \dfrac{n(n+1)}{2}$ である」です。この命題がすべての自然数 n で成立することを証明します。

[1] $n = 1$ のとき、左辺は 1 で、右辺も $1 \times \dfrac{2}{2} = 1$ なので、命題は成立する。

[2] $n = k$ のとき、命題が成立すると仮定すると、

$$1 + 2 + \cdots + k = \frac{k(k+1)}{2} \quad \cdots ①$$

$n = k + 1$ のときを考えると、命題の n に $k + 1$ を代入した式

$1 + 2 + \cdots + k + (k+1) = \dfrac{(k+1)(k+2)}{2}$ が成立することを示せばよいので、

①の右辺 $\dfrac{k(k+1)}{2}$ に $k + 1$ を加えると、

$$\frac{k(k+1)}{2} + (k+1) = \frac{k^2}{2} + \frac{k}{2} + k + 1 = \frac{k^2}{2} + \frac{3k}{2} + 1$$

$$= \frac{k^2 + 3k + 2}{2} = \frac{(k+1)(k+2)}{2}$$

よって、$n = k + 1$ のときにも命題は成立する。

[1][2] から、すべての自然数 n について命題が成立する。

ハゲ頭の毛は１本も０本も同じ？
数学的帰納法とパラドックス

　さて、数学的帰納法が関連する有名なパラドックス（逆説）に「ハゲ頭のパラドックス」というものがあります。

> 人の髪の毛の本数をnとする。（nは自然数）
>
> n＝0のとき、すなわち毛が0本の人はハゲである。（①）
> n＝kのとき、すなわち毛がk本の人がハゲであると仮定すると、
> n＝k＋1のとき、すなわち毛がk＋1本の人もハゲである。（②）
>
> ①と②より、すべての人はハゲである。

　"毛がk本"と書いていると若干切なくなってきますが、これはエウブリデスという古代ギリシャの哲学者が2400年も前に、真面目に考え出したパラドックスの1つです。
　同じくエウブリデスによる「砂山のパラドックス」というものもあります。これは、

> 砂山の砂を1粒減らしても砂山のままなので、
> そのまま減らし続けて最後の1粒になっても
> 砂山のままだといえるのか？

というものです。
　私も1つ考えてみました（みなさんもぜひ考えてみてください）。

体重が1kg増えても気にしない。（①）
体重がk kg増えても気にしないと仮定すると、
そこからさらに1kg増えたところで気にしない。（②）

①と②より、体重がどれだけ増えても気にしない。

　では、これらの証明がおかしいことを指摘するにはどうしたらよいでしょうか。
「ハゲかどうか・砂山かどうか・気になる体重の基準はそもそも人それぞれなの
で、この証明自体に意味がない！」とするのが最もわかりやすいでしょう。

　ただし、論理学の世界は、そこをバッサリ切り捨てずに、どの時点でパラドッ
クスが生じたのか論理構造を明らかにしたり、どのようなパターンがあるのかを
考えたり、とても奥深い分野です。もはや数列とは違う話になるので割愛します
が、興味のある方はぜひ調べてみてください。

ハゲ頭のパラドックス

① ハゲですが何か
毛が0本の人はハゲである

② ←K本　認めざるを得ない
毛がK本の人がハゲであると
仮定すると

③ 1本ちがい　一本増えただけでしょ　認めざるを得ない
毛がK+1本の人もハゲである

④ これをくり返すと…　俺がハゲならアンタもだ！　1本ちがい　幼馴染いかねー！
すべての人はハゲである

数学史に大きな影響を与えた ピタゴラス

　数学の長い歴史の中で、最も有名な数学者のひとりに挙げられるピタゴラス。ピタゴラスが残した数々の功績の中で、最も有名なもののひとつが、だれもが一度は聞いたことのある（学んだことのある）「ピタゴラスの定理」です。「三平方の定理」とも呼ばれ、直角三角形に関する定理です。

ピタゴラスの定理

直角三角形において、斜辺の長さをc、
その他の2辺の長さをa、bとした場合、
$a^2 = b^2 + c^2$　が成り立つ

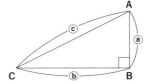

　ピタゴラスは、床のタイルの市松模様を眺めているときに、この定理を見つけたといわれています。

　ちなみに、ピタゴラスの定理は、古代エジプト時代から土地の面積の測量に用いられ、また、有名な「フェルマーの最終定理」はこの定理を発展させたものです。

　また、ピタゴラスは、「ドレミファソラシド」の音階に数学的ルールがあることも発見しました（詳細は64ページ）。これは「ピタゴラス音階」と呼ばれています。

　ピタゴラスは、古代ギリシア（紀元前572年頃〜紀元前492年頃）の数学者で、「万物の根源は数である」と主張し、宗教・学術結社をつくりました。

　ここまでお話しておいてなんですが、じつはピタゴラスが実在した証拠となる文書はなく、ピタゴラスが存在していたとされるよりもあとの人々が書き伝えたことだけがわかっていて、いまだ謎に包まれています。

ピタゴラス
Pythagoras
紀元前572年頃〜
前492年頃?

第2章

数列
あれこれ

"終わり"と"永遠"で大別
有限数列と無限数列

数列は、項の個数によって「有限数列」と「無限数列」に分けられます。

たとえば、

$$\{a_n\} : 1, 2, 3, \cdots, 10$$

この数列は1ずつ増えていき、末項が10と決まっています。項数は10で有限なので、「有限数列」です。

末項や項数の最大値（$n = 1, 2, \cdots, 100$）など、数列の終わりを示す条件が必ず書いてあります。

では、こちらはどうでしょうか？

$$\{bn\} : 1, 2, 3, \cdots$$

こちらは1ずつ増えていくだけで終わりがないので、項数は無限、すなわち「無限数列」です。

自分で「こういう数列があるとします」と定義した場合は、その数列が有限か無限かは当然決めた本人が知っています。

では、すでに存在するものを項とする数列が有限か無限かについてはどうでしょうか。

たとえば、「サイコロの目の数列」は、1, 2, 3, 4, 5, 6と項数が決まっているので有限数列です。日常生活で関わる数列は、対象が具体的であるため、有限数列であることがほとんどです。

一方、2, 4, 6, 8, 10, …と永遠に増えていく「2の倍数の数列」というような数学で取り扱う抽象的な数列は、無限数列であることが多いです。nが無限大∞に近づいていくと、項がどのような値に近づいていくか、あるいは無限に大きく、または小さくなっていくのか、ということを考えます。

「2の倍数（$2n$）」「1ずつ増えていく自然数（$n + 1$）」のような場合は、無限数列であることは直感的にもわかりますが、たとえば「素数の数列」のような場合は、無限数列か有限数列かをきちんと証明しておく必要があります。

有限数列と無限数列

有限数列

サイコロの目

1, 2, 3, 4, 5, 6

硬貨の種類

1, 5, 10, 50, 100, 500

24の約数

1, 2, 3, 4, 6, 8, 12, 24

カレンダー

かつての地上アナログテレビ放送の
チャンネル（関東地方、VHF帯）

1, 3, 4, 6, 8, 10, 12

無限数列

自然数

1, 2, 3, 4, 5, 6, …

2の倍数

2, 4, 6, 8, 10, 12, …

素数

2, 3, 5, 7, 11, 13, 17, …

円周率

3.141592653589793 …

ネイピア数e

2.71828182845904 …

▼

7,1,8,2,8,1,8,2,8,…

小数点以下の各桁の数を数列と
考えると無限数列といえる！（円周率、
√2 も同様）

$\sqrt{2}$

1.4142135623730 …

「無限」は巨大な「有限」と比
較できるものではなく、決して数
え終えることができないものが
「無限」の概念です。

2000 年以上も研究が続けられている
素数の数列

　素数とは、「1よりも大きく、1と自分自身以外の数では割り切れない数」のことです。

　たとえば3は、1と3でしか割り切れません。2で割っても1余ってしまいます。よって素数です。4は、1と4だけでなく2でも割り切れるので、素数ではありません。

　ちなみに、素数でない自然数を合成数といいます。合成数は、すべて素数の掛け算で表すことができます。

　たとえば、2以外の偶数は、1とその数以外に必ず2（素数）が掛けられているため、すべて合成数です。

　さて、素数を小さいものから並べていくと、2, 3, 5, 7, 11, 13, 17, …と、一見、無限に大きくなっていきそうな気がしますが、もしかすると「最大の素数」が存在するかもしれません。「最大の素数」が存在すれば、素数の数列は有限数列となります。

　しかし、紀元前3世紀に古代ギリシャの数学者・ユークリッドが『幾何学原論』の中で、「素数は無限に存在する」と書いています。また、このことは次のように証明しています。

　異なる素数 $q_1, q_2, q_3, \cdots, q_n$ を使って、次のようなNをつくることができます。

$$N = q_1 \times q_2 \times q_3 \times \cdots \times q_n + 1$$

Nは、$q_1, q_2, q_3, \cdots, q_n$ のどの素数でも割り切れません。なぜなら、1が必ず余るからです。

　したがって、Nは $q_1, q_2, q_3, \cdots, q_n$ と異なる素数であるか、または、$q_1, q_2, q_3, \cdots, q_n$ と異なる素数で割り切れなければなりません。ゆえに、$q_1, q_2, q_3, \cdots, q_n$ 以外に、新しい素数 q_{n+1} があることがわかります。

これをくり返していくと、次々と新しい素数が q_{n+2}, q_{n+3}, q_{n+4}, …と見つかり、延々とくり返されるので、素数は無限にあるといえます。

例） $N = 2 \times 3 + 1 = 7$（4番目の素数）

$N = 2 \times 3 \times 5 + 1 = 31$（11番目の素数）

$N = 2 \times 3 \times 5 \times 7 + 1 = 211$（47番目の素数）

$N = 2 \times 3 \times 5 \times 7 \times 11 + 1 = 2311$（344番目の素数）

「素数が無数に存在する」ことは、その後、いろいろな数学者が異なる方法で証明を行っています。わかりやすいものから、用語の理解だけでもつまずきそうな超難解なものまでさまざまです。

　ちなみに、2019年8月時点で知られる最大の素数は、約2486万桁（！）。気の遠くなるような数です。仮に、1秒に3桁分の数字を読み上げていった場合、1分（60秒）で180桁、1時間（60分）で10800桁、1日（24時間）で259200桁…で、ざっと95日、約3か月かかることになります。

ユークリッド（*Euclid*）（生没年不明）

　　　古代ギリシャの数学者。図形や空間の性質を研究する「幾何学」の父ともいわれる。ユークレイデス、エウクレイデスとも表記される。全13巻からなる『幾何学原論』（またはユークリッド『原論』）を編さんした。本書は世界中の文化人に2000年以上にわたって読まれており、聖書につぐものであったといわれている。

「無限」が辿り着く先
数列の「極限」とは?

　雪山で遭難して生死の境を彷徨う……こんな状態を「極限状態」などということがありますが、数列にも「極限」があります。

　たとえば、初項が1で、公比が $\dfrac{1}{2}$ 、つまりどんどん半分になっていく等比数列を考えてみましょう。

　$n=1$ のときは1ですし、$n=2$ のときは $\dfrac{1}{2}$、$n=3$ のときは $\dfrac{1}{2} \times \dfrac{1}{2} = \dfrac{1}{4}$ です。

この数列は、$\dfrac{1}{2^{n-1}}$ になります。

　さて、n が無限に大きくなっていったとき、この数列はどうなるでしょうか? グラフで表すと次のようになります。

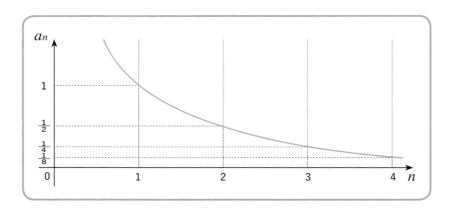

　n の値が大きくなればなるほど、0に近づいていきそうですね。数式も、分母が無限に大きくなっていくので、0に近づいていきます。

　このように、ある数列について、n が無限に大きくなったとき、近づいていく値を「数列の極限」といいます。この数列の場合、0に近づいていくので、極限は0になります。

　今度は、初項が1で公比が2、つまりどんどん倍になっていく等比数列の場合

はどうでしょうか。n が無限に大きくなると、倍々ゲームで無限に大きくなっていきますね。この場合の極限は∞（無限大）と表します。

それぞれ、数式で書くとこのような感じになります。

$$① \lim_{n \to \infty} \left(\frac{1}{2}\right)^{n-1} = 0 \qquad ② \lim_{n \to \infty} 2^{n-1} = \infty$$

lim（英語：limit, リミット）というのが、極限を表す記号です。下の $n \to \infty$ の部分は「n が無限大に近づいた場合」という意味です。

なお、すべての数列に極限があるとは限りません。たとえば、初項が 1 で公比が −2 の等比数列は、1, −2, 4, −8, 16, −32, … と、正と負を行ったり来たりし続けます。絶対値としては無限に大きくなっていくものの、正と負が行き来することは変わらないので、この場合、極限は「存在しない」といいます。

ちなみに①のように、何かの数値に近づいていく場合、「数列は収束する」といい、収束しない数列を「発散する」といいます。また、規則的に行ったり来たりし続けるような数列を「振動する」といいます。

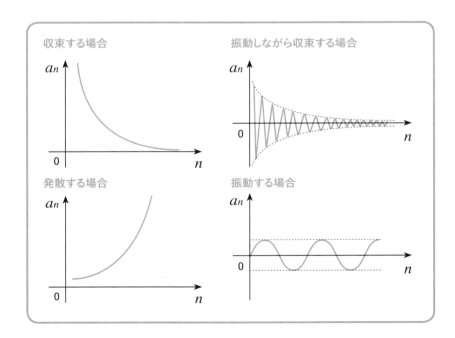

発散と収束を包括！
延々と足していく「無限級数」

「Σを使ってみよう」（42ページ）で説明したのは、最初と終わりが決まっている有限数列の和の求め方でした。これが、無限数列の場合だとどうなるでしょうか？

$$S = a_1 + a_2 + a_3 + \cdots$$

このように、無限に続く数列の和の形で表した式を、級数あるいは無限級数と呼びます。さて、この場合、Sの値にはどのようなものが考えられるでしょうか？「無限に足していったら、無限に大きくなっていくのでは？」と思われるかもしれませんが、実際は「ある値に収束する」場合と「発散する」場合があります。「ある値に収束する」場合を、以下の例で考えてみましょう。

右図のような放物線と直線で囲まれた図形の面積を求めるときに、内接する三角形をつくり、その辺と放物線に囲まれた図形にまた内接する三角形をつくり……これをくり返していくと、三角形が無限に埋め尽くされる状態になります。

この図形の面積を数式で示すと、

$$S = A + B1 + B2 + C1 + C2 + C3 + C4 + \cdots$$

となり、ちょうど級数の形になっていることがわかります。三角形が無限に増えていくと、図形の面積にどんどん近づいていくのです。

この面積の求め方を「取り尽くし法」といいます。そして、この「無限に細かくした図形を足し合わせて面積を求める」考え方が、「積分」につながっていきます。

一般的に、級数が収束するかどうかを確認するためには、まず、第n項目までの和を求めます（①）。これを部分和といいます。

次に、部分和S_nについて、nを無限に大きくしたときの極限値が存在するならば、それが級数の値になります（②）。

$$S_n = a_1 + a_2 + a_3 + \cdots + a_n \quad \text{——} \quad ①$$

$$\lim_{n \to \infty} S_n = a \quad \text{——} \quad ②$$

　図形の面積の他にも、円周率、$\sqrt{2}$ などの平方根、ネイピア数、三角関数などの無理数（小数部分が循環せずに無限に続く数）の近似値も、級数の形に展開することで求めることができます。

　いずれも、項の数が増えれば増えるほど、より正確な値に近づいていきます。円周率については、66ページで詳しく説明します。

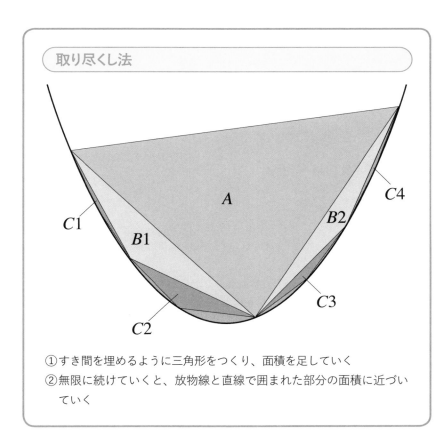

取り尽くし法

①すき間を埋めるように三角形をつくり、面積を足していく
②無限に続けていくと、放物線と直線で囲まれた部分の面積に近づいていく

不思議な無限級数
$1 = 0.999999$ の話

次のような式を見たことはありませんか？

$$1 = 0.9 + 0.09 + 0.009 + 0.0009 + 0.00009 + \cdots$$

右辺は無限級数の形になっています。しかも、初項が 0.9 で公比 0.1 の等比数列の形にもなっていますね。このような等比数列の級数版を、無限等比級数といいます。

さて、この式は本当に正しいでしょうか？

項数が増えるにつれ、右辺は 0.9、0.99、0.999…と 1 に近づいていきますが、永遠に 1 にはならなそうな感じがしますね。

無限等比級数は、初項 a、公比 r とすると、公比 r が $-1 < r < 1$ の場合に限り収束し、$S = \dfrac{a}{1-r}$ というとてもシンプルな公式で求められます（※公比が 1 以上、あるいは -1 以下の場合は発散するため、値が存在しません）。

実際に公式にあてはめてみると、

$$S = \frac{0.9}{1-0.1} = \frac{0.9}{0.9} = 1$$

1 になりましたね。よって、$1 = 0.9 + 0.09 + 0.009 + \cdots$ は数学的に完全に正しい式だといえます。

それでもなんだかモヤっとしますよね。このモヤっとついでに、古代ギリシャのゼノンという哲学者が考えた「アキレスと亀」というパラドックスを紹介します。

アキレスはギリシャ神話に登場する足の速い英雄で、少し先を進んでいる亀と同じ方向に進んでいる。亀が最初にいた地点をAとすると、A地点にアキレスが着く頃には亀は少し先のB地点に進んでいる。B地点

> にアキレスが着く頃には、やはり亀はB地点から少し先のC地点に進ん
> でいる。
> 　このくり返しで、どれだけアキレスが速く走ったとしても亀に追いつくこと
> はできない。

　なぜこうなるかというと、A地点、B地点、C地点…、この地点は、アキレス
が亀に追いつく前のタイミングで無限に細かく区切ることができるからです。

　最初にアキレスが亀に1秒後に追いつく距離にいたとして、アキレスがA地点
に到達するのが0.9秒後、B地点が0.09秒後、C地点が0.009秒後…というよう
なタイミングで、無限に区切っているのです。
　しかし、このような区切り方をしたとしても、$0.9 + 0.09 + 0.009 + \cdots$は無
限等比級数と考えれば1と同じになるので、アキレスは亀に1秒後に追いつく、
といえるのです。

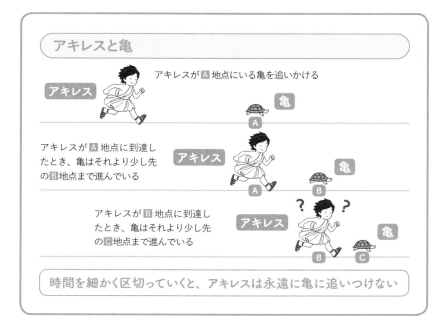

アキレスと亀

アキレスが A 地点にいる亀を追いかける

アキレスが A 地点に到達し
たとき、亀はそれより少し先
の B 地点まで進んでいる

アキレスが B 地点に到達し
たとき、亀はそれより少し先
の C 地点まで進んでいる

時間を細かく区切っていくと、アキレスは永遠に亀に追いつけない

古代にピタゴラスが研究
調和数列と音階

　等差数列の逆数（分母と分子をひっくりかえした分数）の数列を調和数列といいます。

　たとえば、1, 3, 5, 7…のように 2 ずつ増えていく等差数列があった場合、その逆数の数列　$1, \dfrac{1}{3}, \dfrac{1}{5}, \dfrac{1}{7}, \cdots$ が調和数列です。

　この「調和（harmonic）」という言葉は、音楽に由来するといわれています。「ピタゴラスの定理」でおなじみのピタゴラス（詳細は 52 ページ）は、音楽の研究にも熱心で、右図のような一弦琴のようなものを、琴柱（ことじ）の位置を移動させて音を鳴らし、音の変化を調べました。

　柱が無い状態で鳴らしたときを「ド」とし、弦が $\dfrac{2}{3}$ の長さになる位置に琴柱を移動させて鳴らすと「ソ」、弦が $\dfrac{1}{2}$ の長さになる位置に琴柱を移動させて鳴らすと、最初の「ド」から 1 オクターブ高い「ド」になります。

　この弦の長さの逆数を見ると、$1, \dfrac{3}{2}, 2$ と、公差 $\dfrac{1}{2}$ の等差数列になっています。

　このようにして、ピタゴラスは音階を研究していったといわれています。

　最初の弦の長さから、$\dfrac{1}{2}, \dfrac{1}{3}, \dfrac{1}{4}, \cdots$ と、どんどん小さくしていくと、鳴る音の周波数は 2 倍、3 倍、4 倍…と増えていきます。これを倍音といって、同時に奏でると調和のとれた心地よい音として聞こえます。

　最初の音が「ド」ならば、「ド」「ミ」「ソ」という、ギターなどでは最も基本となるコードを構成する音が登場します。

　また、「ド」から半音ずつ上げていったとき、その周波数の比は等比数列になります。ギターは指で弦を押さえることで音を調整しますが、半音ごとに弦を並べたのがハープです。手前側になるほど高い音が出るように配置されているため、あのような独特な形状になっています。

一弦琴に見る調和数列

琴柱とは、琴の甲の上に立てて、弦を支え、その位置によって音の高低を調整するものです。これと似たようなものをピタゴラスはつくり、琴柱の位置を移動させながら音の変化を調べたといわれています。紀元前400〜500年に思いついたなんてスゴイですね！

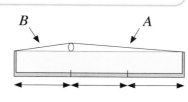

倍音

基音

第2倍音

弦が $\frac{1}{2}$ の長さになる場所で押さえると、周波数は2倍になる

第3倍音

$\frac{1}{3}$ の長さ

第4倍音

$\frac{1}{4}$ の長さ

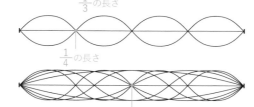

うまく重なり合うと、調和のとれた心地よい音になる

近似値を求めることを可能にした
級数と円周率

　級数とは、無限数列の和のことで、以下のような数列の項を無限に足していく形で表されます（60ページ参照）。

$$S = a_1 + a_2 + a_3 + \cdots + a_n + \cdots$$

　放物線のような曲線で囲まれた部分の面積は、「底辺×高さ÷2」のように明確な値を求めることができないので、その形に近づくように少しずつ無限に足していくことで表します。明確な値は求められないが限りなく近い値に近づけたり、定理を証明したりなど、いろいろなところで大きな役割を果たします。

　たとえば、円の面積や円周、球体の体積を求めるのに必要な円周率。円周率とは、直径と円周の比のことで、「3」「3.14」「π」など、簡単な数字や記号で表されていますが、本当は3.141592… と、小数部分が無限に続きます。

　級数にはさまざまな種類があり、円周率の正確な値を求めるためにも使われています。その中でも、最も有名なのが、「ライプニッツの級数」です。17世紀の数学者、ライプニッツが発見した公式で、証明の中ではsin、cosのような三角関数が多数出てきて、すべて説明すると長くなるため、途中の証明は省略しますが、以下のような関係性の式が導けます。

　円周率をπとすると、$1 - \dfrac{1}{3} + \dfrac{1}{5} - \dfrac{1}{7} + \cdots = \dfrac{\pi}{4}$

　両辺に4を掛けてπの分母を払うと

$$\pi = 4\left(1 - \frac{1}{3} + \frac{1}{5} - \frac{1}{7} + \cdots\right)$$

　Σを使って表すと、　$\pi = 4\displaystyle\sum_{n=0}^{\infty} \frac{(-1)^n}{2n+1}$

　数列は無限に続くので、Σの上部分が∞になります。おおまかに説明すると、「分母が奇数で分子が1の分数を、足す・引くを無限にくり返す」という式です。これを無限に計算していくと、円周率の3.141592… に近づいていきます。試しに少し計算してみましょう。

$n = 1$ のとき $4 \times 1 = 4 \fallingdotseq \pi$

$n = 2$ のとき $4\left(1 - \dfrac{1}{3}\right) = 2.67\cdots \fallingdotseq \pi$

$n = 3$ のとき $4\left(1 - \dfrac{1}{3} + \dfrac{1}{5}\right) = 3.46\cdots \fallingdotseq \pi$

$n = 4$ のとき $4\left(1 - \dfrac{1}{3} + \dfrac{1}{5} - \dfrac{1}{7}\right) = 2.89\cdots \fallingdotseq \pi$

$n = 5$ のとき $4\left(1 - \dfrac{1}{3} + \dfrac{1}{5} - \dfrac{1}{7} + \dfrac{1}{9}\right) = 3.33\cdots \fallingdotseq \pi$

　$n = 10000$のときに、$\pi \fallingdotseq 3.141492654\cdots$ となりますが、まだ4桁目までしか合っていません。解明されている円周率の数値に辿り着くまで、かなり大変な作業です。下記の「ライプニッツ級数の収束速度」の$n = 100$までを見ると、最初は誤差が大きいことがわかります。収束していくまでの計算が膨大な量になるため、残念ながらこの級数はあまり現実的とはいえないのです。

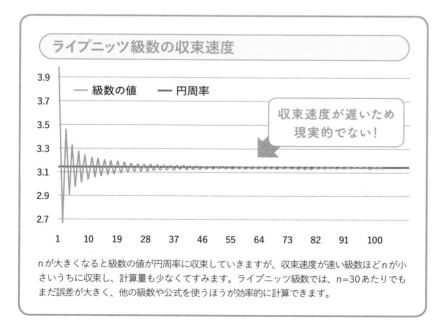

nが大きくなると級数の値が円周率に収束していきますが、収束速度が速い級数ほどnが小さいうちに収束し、計算量も少なくてすみます。ライプニッツ級数では、n＝30あたりでもまだ誤差が大きく、他の級数や公式を使うほうが効率的に計算できます。

　今でこそ、Excelなどを使えばあっという間に計算できますが、当時はより少ない計算量で求めることができるかが重要だったようです。

　円周率は、級数以外の方法も含め、現在もいろいろと研究されています。その究極ともいえるのが、インドの数学者、シュリニヴァーサ・ラマヌジャンが1914年に発表した公式です。

ラマヌジャンの円周率に関する公式

$$\pi = \cfrac{1}{\cfrac{2\sqrt{2}}{9801} \displaystyle\sum_{n=0}^{\infty} \frac{(4n)!}{\{(4^n)\cdot(n!)\}^4} \cdot \frac{26390n + 1103}{99^{4n}}}$$

　どのような人生を歩めば、このような境地に辿り着くのか想像もつきませんが、この公式を使えば、より早く円周率を計算することができます。

　現在は、これをさらに改良したものを使って、何十兆ケタまで計算されているのだそうです。

シュリニヴァーサ・ラマヌジャン（*Srinivasa Ramanujan*）

1887〜1920年、インド生まれ。数学者。ランダウ・ラマヌジャンの定数、擬テータ関数を発見するなどの実績を残す。インド数学会のジャーナルに問題や論文を発表したのち、ケンブリッジ大学の数学教授ハーディーのもとへ行き、ハーディーとともに分割数公式や高次合成数理論など、歴史的な論文を次々と発表した。

円が長方形になる!?

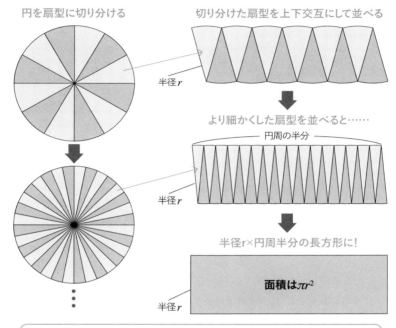

円を扇型に切り分ける

切り分けた扇型を上下交互にして並べる

半径 r

より細かくした扇型を並べると……

円周の半分

半径 r

半径r×円周半分の長方形に!

面積はπr^2

半径 r

円の半径と円周の半分を一辺とした長方形になる

　上図のように、円を多数の扇形に切り分けて、交互に上下を反転させたものを横に並べていくと、凸凹がありながらも平行四辺形に近いような形になります。

　さらに、円をもっと細かい扇形に切り分けて、同じように並べていくと、さらに平行四辺形に近づきます。

　この扇形を無限に細く切り分けて並べていくと、限りなく長方形に近づいていきます。元の円の半径を r とすると、円周の半分は πr で表せるので、円の面積は、$r \times \pi r = \pi r^2$ になります。

悪から身を守る!?
ランダムさが役立つ乱数列

1, 0, 3, 10, 7, 4, 2, 0, 1, 1, …

これは何の数列かわかりますか?
「まったくわからない」と思った方、正解です! これは適当に数字を並べただけの"数列"だからです。

このように、ランダムな数字をただ並べただけの数列のことを、乱数列と呼びます。たとえば、サイコロをくり返し振って得られるようなでたらめな数の列のことです。昔行われていた宝くじの抽選の的当てから得られる数字や、ビンゴゲーム、コイントスなんかも乱数列です。

このような数列が日常生活で必要とされることはあるのでしょうか?
じつは、乱数列はいろいろな場面で活用されています。
そのひとつが、「データの暗号化」です。

「種」となるデータから生成した、擬似乱数列という「乱数っぽい数列」を「鍵」としてデータに掛け合わせ、暗号化します。
暗号化したデータを見ても、乱数のようなデータが並んでいるだけで内容はわかりません。擬似乱数列を生成した「種」や、生成された「鍵」を知っている人だけがデータを元に戻すことができます。

サイコロを振って出る数字に規則性はなく、"運"だけであり、でたらめなので乱数列。ただし、テレビドラマや映画でよく出てくるカジノのディーラーが意図的にサイコロの目を操れるというのは除きます。

擬似乱数列を使った暗号化

　たとえば機密情報が含まれたデータをそのままメールに添付するなど
してインターネットに送信すると、悪意のある第三者から盗聴・解読さ
れる危険性があるため、暗号化を行います。ここでは、暗号方式の中で
も最も単純な「共通鍵暗号方式」をご紹介します。

「種」となるデータから、「鍵ストリーム」という擬似乱数列のデータを
生成します。これを送信するデータに掛け合わせると暗号化されるため、
仮にデータを抜き取られても解読されることはありません。受信者は、
送信者が暗号化したものと同じ「鍵」を使ってデータを元に戻します（復
号）。

　送信者と受信者が共通の鍵データを使うので、「共通鍵暗号方式」と
いい、実際には別々の鍵を使うなど、より複雑な方法で行われています。

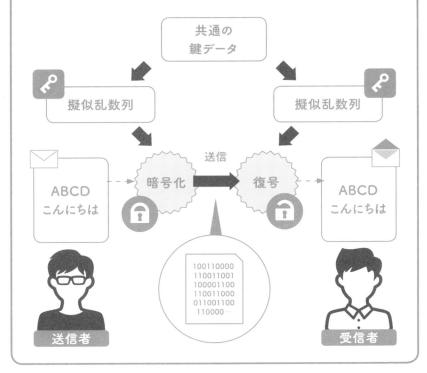

　もうひとつは、無線LANなど電波での通信における「スペクトラム拡散」とい
う技術です。

　空中にはいろんな電波信号が飛び交っているのですが、通信する信号に近い周
波数でノイズが加わったとき、信号が劣化してしまいます。
　そこで、信号に擬似乱数列をあえて掛け合わせて、周波数の幅を広げると同時
に、信号の大きさも小さくして送信します。

　この信号にノイズが加わったとします。受信した信号に対し、送信するときと
逆の処理をすると、必要な信号は元に戻り、ノイズ部分は周波数の幅が広がり、
信号の大きさも小さくなります。
　このようにすることで、必要な部分の信号へのノイズの影響を小さくすること
ができます。

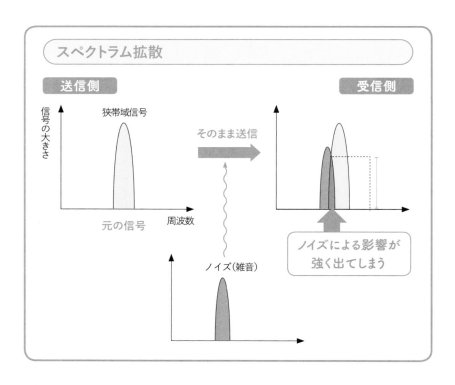

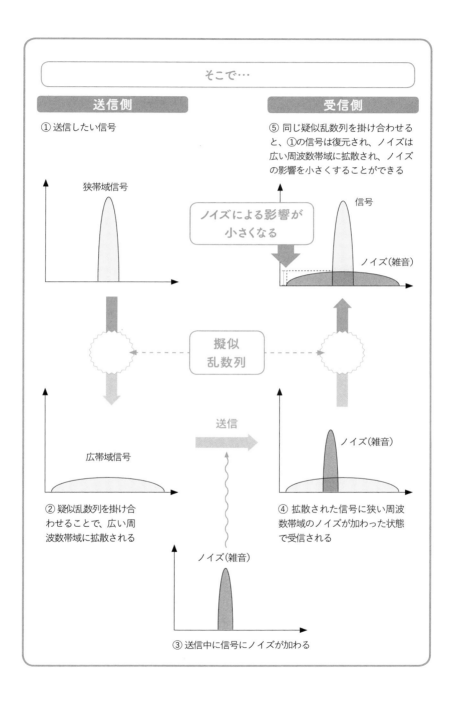

そこで…

送信側

① 送信したい信号

狭帯域信号

受信側

⑤ 同じ疑似乱数列を掛け合わせると、①の信号は復元され、ノイズは広い周波数帯域に拡散され、ノイズの影響を小さくすることができる

信号

ノイズによる影響が小さくなる

ノイズ(雑音)

擬似
乱数列

広帯域信号

送信

ノイズ(雑音)

② 疑似乱数列を掛け合わせることで、広い周波数帯域に拡散される

④ 拡散された信号に狭い周波数帯域のノイズが加わった状態で受信される

ノイズ(雑音)

③ 送信中に信号にノイズが加わる

キレイな関係を築く
ファレイ数列

　ファレイ数列とは、「0 以上 1 以下の既約分数を小さいものから順に並べて構成される数列」のことです。既約分数とは「これ以上約分ができない分数」、約分は分母と分子を同じ数で割ることです。たとえば、$\frac{2}{4}$ の分母・分子を 2 で割ると $\frac{1}{2}$、$\frac{15}{30}$ の分母・分子を 5 で割ると $\frac{3}{6}$ になります。既約分数は、$\frac{15}{30}$ の分母・分子を 5 で割ると $\frac{3}{6}$ になり、さらに分母・分子が 3 で割れて、$\frac{1}{2}$ にできます。$\frac{1}{2}$ はこれ以上、分母・分子を同じ数（整数）で割ることはできないため、$\frac{1}{2}$ は既約分数となります。

　ファレイ数列の項は、既約分数の分母の最大値 n の値によって変わります。たとえば、$n = 1$ のときは、$\frac{0}{1}$，$\frac{1}{1}$ の 2 つだけですが、$n = 2$ になると、$\frac{0}{1}$，$\frac{1}{2}$，$\frac{1}{1}$ と 3 つになります。n が増えるたびに項の数も増えていきます。
　ファレイ数列を n が小さいものから順に並べていくと、右図のような一覧ができます。この図から、以下のような特徴がわかります。

①一度登場した分数はずっと残り続ける
②n を分母とする 0 以上 1 以下の既約分数がすべて網羅される
③n が増えたときに、もともとある分数と分数の間に出現する（端には出現しない）

　とくに、③には以下のような規則性があります。

「ファレイ数列で隣り合う要素を $\frac{b}{a}$，$\frac{d}{c}$ とすると、$\frac{b}{a}$ と $\frac{d}{c}$ の間に最初に出現する分数は $\frac{b+d}{a+c}$ である」

　たとえば、$n = 3$ の場合の要素は $\left\{ \frac{0}{1} , \frac{1}{3} , \frac{1}{2} , \frac{2}{3} , \frac{1}{1} \right\}$ です。$\frac{1}{2}$ と $\frac{2}{3}$ の間に最初に出現する分数は、ファレイ数列の性質によれば、$\frac{1+2}{2+3} = \frac{3}{5}$ で、「$\frac{1}{2}$ より大きく $\frac{2}{3}$ より小さい、分母が 4 の既約分数は存在しない」こともわかります。

ファレイ数列

$$\frac{0}{1} \ , \ \frac{1}{1}$$

$$\frac{0}{1} \ , \ \frac{1}{2} \ , \ \frac{1}{1}$$

$$\frac{0}{1} \ , \ \frac{1}{3} \ , \ \frac{1}{2} \ , \ \frac{2}{3} \ , \ \frac{1}{1}$$

$$\frac{0}{1} \ , \ \frac{1}{4} \ , \ \frac{1}{3} \ , \ \frac{1}{2} \ , \ \frac{2}{3} \ , \ \frac{3}{4} \ , \ \frac{1}{1}$$

$$\frac{0}{1} \ , \ \frac{1}{5} \ , \ \frac{1}{4} \ , \ \frac{1}{3} \ , \ \frac{2}{5} \ , \ \frac{1}{2} \ , \ \frac{3}{5} \ , \ \frac{2}{3} \ , \ \frac{3}{4} \ , \ \frac{4}{5} \ , \ \frac{1}{1}$$

$$\vdots$$

　上から順に、分母が1、つまり $n=1$ の既約分数は、$\frac{0}{1}$, $\frac{1}{1}$ の2つのみ。分母が2と3については、74ページで紹介しているので割愛し、分母が4のとき、つまり

　$n=4$ の既約分数は、$\frac{0}{1}$, $\frac{1}{4}$, $\frac{1}{3}$, $\frac{1}{2}$, $\frac{2}{3}$, $\frac{3}{4}$, $\frac{1}{1}$ の7個、

　$n=5$ の既約分数は、$\frac{0}{1}$, $\frac{1}{5}$, $\frac{1}{4}$, $\frac{1}{3}$, $\frac{2}{5}$, $\frac{1}{2}$, $\frac{3}{5}$, $\frac{2}{3}$, $\frac{3}{4}$, $\frac{4}{5}$,

$\frac{1}{1}$ の11個となります。

ファレイ数列は、19世紀にイギリスの地質学者、ジョン・ファレイが研究したとされています。アートのような美しさですね！

時計職人も取り入れていた!?
ファレイ数列の使い道

「ファレイ数列の特徴はわかったけれど、いったい何のために必要なの？」と疑問を持たれた方もいると思います。

ファレイ数列は、定理を証明したり、自然現象を説明したりするために利用されていますが、やや難易度が高いので、今回はファレイ数列と関連が大きい「フォードの円」と「シュターン＝ブロコットの木」を紹介します。

フォードの円

フォードの円とは、大きい2つの円の隙間に、両方に接する小さい円をどんどん敷き詰めていったものです。

この円の半径は、ファレイ数列の分母に対応しています。ちなみに、ファレイ数列の項の順番と、その円の並びは一致しています。

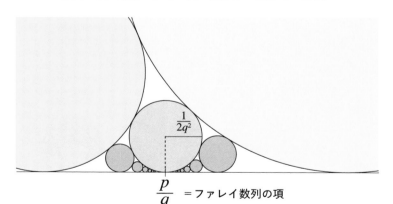

$\dfrac{p}{q}$ ＝ファレイ数列の項

たとえば、75ページに挙げたファレイ数列の場合、$\dfrac{p}{q} = \dfrac{1}{2}$ の円には $\dfrac{1}{3}$ と $\dfrac{2}{3}$ の円が接していて、さらに $\dfrac{1}{3}$ と $\dfrac{2}{3}$ の円には $\dfrac{1}{4}$ と $\dfrac{3}{4}$ の円が接している、といった具合です。

シュターン＝ブロコットの木

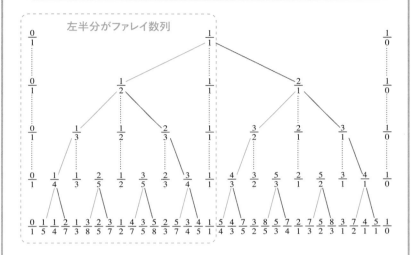

　図のように、ファレイ数列の要素を、「ファレイ数列で隣り合う要素を $\frac{b}{a}$ 、 $\frac{d}{c}$ とすると、 $\frac{b}{a}$ と $\frac{d}{c}$ の間に最初に出現する分数は $\frac{b+d}{a+c}$ である」の関係性がわかるように書いていくと、左右対称に枝分かれしていきます。この構造がちょうど木をさかさまにしたように見えるので、「木」といわれています。

　この木構造を「シュターン＝ブロコットの木」と呼びます。ドイツの数学者・シュターンとフランスの時計職人・ブロコットにより発見された構造です。時計の歯車の設計において、適切な歯車比を求めるのに活用しました。

　できるだけ精密な機械式時計をつくるためには、歯車同士の歯をきちんとかみ合わせることが重要です。しかし、つくる歯車の歯数には限界があるので、できるだけ理想の歯数比に近づく組み合わせを選ぶために、ブロコットはこの木構造を利用し、歯車の数を算出していた、といわれています。

見つけられたら運がイイ?
ハッピーでラッキーな数列

　私が学生だった頃は、今のようにSuicaやPASMOなどはなかったので、電車に乗る際には、定期券か切符を利用していました。学校帰りに部活仲間と、その切符に記された4桁の数字をいかに速く「＋」「－」「×」「÷」を使って「10」にするかという遊びが流行り、よくやっていました。数字の組み合わせによっては難解なものもあるのですが、一瞬でできるとスカッとした気分になったものです。

　数学の世界にも、そんなハッピーな数、ラッキーな数が存在します。ここでは、そんな「知っておくとちょっとハッピーな気持ちになれる」「ラッキーなことが訪れた気がする！」といったものをご紹介します。

　まずはハッピーな数から説明していきましょう。
　ある自然数の各桁の2乗の和を計算した結果を並べていきます。
　たとえば、167の各桁を2乗して足すと、

$$1 \times 1 + 6 \times 6 + 7 \times 7 = 86$$

となります。これを同じように計算していくと、

$$8 \times 8 + 6 \times 6 = 100$$
$$1 \times 1 + 0 \times 0 + 0 \times 0 = 1$$

　最終的には1になります。1は2乗しても1ですから、以降は1のままです。
　この数列は、167, 86, 100, 1, 1, 1, 1,… と、最終的に1が無限に続く形になります。
　このようなパターンになる数をハッピー数（happy number）といいます。つまり、「167」はハッピー数になります。

　一方、ハッピー数でない数のことをアンハッピー数（unhappy number）とか、悲しい数（sad number）といいます。

たとえば、24の場合は、

$2 \times 2 + 4 \times 4 = 20$
$2 \times 2 + 0 \times 0 = 4$
$4 \times 4 = 16$
$1 \times 1 + 6 \times 6 = 37$
⋮

　この数列は、24, 20, 4, 16, 37, 58, 89, 145, 42, 20, 4, 16,… と、じつは20以降は同じ数字のくり返しになり、決して1にはなりません。

　なお、すべてのアンハッピー数は、計算していくと最終的に「4, 16, 37, 58, 89, 145, 42, 20」のくり返しに落ち着くことが知られています。

　50以下のハッピー数を小さいものから順に並べてみると1, 7, 10, 13, 19, 23, 28, 31, 32, 44, 49となり、以降、ハッピー数は無数に存在します。パッと頭に浮かんだ数字を計算して1になったらハッピー！ですね。

　次はラッキー数をご紹介しましょう。

　自然数の数列の項を、ルールに従ってふるい落とし、新たな数列をつくるという作業をくり返し、残った数のことをラッキー数（lucky number）といいます。ポーランドの数学者であるウラムによって提唱されたものです。

　まず、自然数の数列を書き出します。
　1, 2, 3, 4, 5, 6, 7, 8, 9, 10, 11, 12, 13, 14, 15, 16, 17, 18, 19, 20, 21, 22, 23, 24 …

　1は無条件でラッキー数とし、次に「$2n$番目の数」、つまり偶数をすべてふるい落とします。
　1, 　3, 　5, 　7, 　9, 　11, 　13, 　15, 　17, 　19, 　21, 　23 …

　ここで2番目に得られる「3」がラッキー数となります。

次に、「3n番目の数」をすべてふるい落とします。

1，3，　7，9，　13，15，　19，21…

ここで3番目に得られる「7」がラッキー数となります。

次に、「7n番目の数」をふるい落とします。

1，3，　7，9，　13，15，　　　21…

ここで4番目に得られる「9」がラッキー数となります。

となると、次は「9n番目の数」をふるい落とし……と、順番が認定されたラッキー数の倍数の数字をふるい落とし、新たにラッキー数を1つ認定する、ということをくり返していきます。

ハッピー数の求め方

167　➡　$1 \times 1 + 6 \times 6 + 7 \times 7 = 86$
86　➡　$8 \times 8 + 6 \times 6 = 100$
100　➡　$1 \times 1 + 0 \times 0 + 0 \times 0 = 1$

1になったので、
167はハッピー数！！

試しに半分の12で行なってみます。

12　➡　$1 \times 1 + 2 \times 2 = 5$
5　➡　$5 \times 5 = 25$
25　➡　$2 \times 2 + 5 \times 5 = 29$
29　➡　$2 \times 2 + 9 \times 9 = 85$
85　➡　$8 \times 8 + 5 \times 5 = 89$
89　➡　$8 \times 8 + 9 \times 9 = 145$
145　➡　$1 \times 1 + 4 \times 4 + 5 \times 5 = 42$
42　➡　$4 \times 4 + 2 \times 2 = 20$
20　➡　$2 \times 2 = 4$
4　➡　$4 \times 4 = 16$
　⋮

20, 4, 16 どこかで見覚えがありませんか？　79ページで例に挙げた「24」のくり返しになるアンハッピー数と同じなので、12もアンハッピー数になります。

ラッキー数の求め方

1. 自然数の数列を用意

　ラッキー数とする

①, 2, 3, 4, 5, 6, 7, 8, 9, 10, 11, 12, 13, 14, 15, 16, 17, 18, 19, 20, 21, 22, 23, 24 …

2. 2n番目（順番が2の倍数）の数字をふるい落とす

1, 2̶, 3, 4̶, 5, 6̶, 7, 8̶, 9, 1̶0̶, 11, 1̶2̶, 13, 1̶4̶, 15, 1̶6̶, 17, 1̶8̶, 19, 2̶0̶, 21, 2̶2̶, 23, 2̶4̶ …

⬇ 残った数列のうち2番めの数をラッキー数とする

1, ③, 5, 7, 9, 11, 13, 15, 17, 19, 21, 23 …

3. 3n番目（順番が3の倍数）の数字をふるい落とす

1, 3, 5̶, 7, 9, 1̶1̶, 13, 15, 1̶7̶, 19, 21, 2̶3̶ …

⬇ 残った数列のうち3番めの数をラッキー数とする

1, 3, ⑦, 9, 13, 15, 19, 21, …

4. 7n番目（順番が7の倍数）の数字をふるい落とす

1, 3, 7, ⑨, 13, 15, 19, 21, …

⬇ 残った数列のうち4番めの数をラッキー数とする

次に、「9n番目の数」をふるい落とします。これをくり返していきます。

ちなみに、50以下でハッピーで
ラッキーな数は

1, 7, 13, 31, 49 です。

1や7は縁起がいいイメージがあり
ピッタリですが、13や49のように正直
どうなの……という数字もあり、なか
なか興味深いですね！

自然界だけでなく、プログラミングの
世界でも数列は役立つ？

数列の和を求める計算は、コンピュータープログラミングの基本処理の1つである「反復処理」の例題としてよく出てきます。

初期値に対して決められた回数だけ、くり返し足し算をしていき、最終的な値が計算結果として出力される、という処理を記述します。

また、数列と似たような名前の「配列」というものがあります。配列は、データを入れる箱が順番に並んでいるようなイメージです。

配列にも順番を示すインデックスが必要で、それが数列の項につける添字にあたります。

配列はあくまでもデータの箱なので、中身は空（何もない状態）でもかまいませんし、入れるデータは必ずしも数字でなくてもよく、「リンゴ」「みかん」「バナナ」のような文字列などでもかまいません。

合計を計算したり、順番を入れ替えたり、関連するデータのかたまりとしてプログラム間でやりとりをしたり、プログラミングの世界では必須の道具です。

会社員時代はもちろん、現在もシステム関連の仕事にも携わっているので、数列の考え方がとても役立つと実感することが多々あります。たとえば、反復処理をするとき、必要な結果が出るまで同じ計算をくり返すため、処理に時間がかかってしまう場合があります。そこで、あらかじめ一般項の数式を求めてプログラムに書いておけば、1回の計算だけで結果が得られます。特にコンピューターの性能が今ほど高くなかった時代は、こうした工夫を積み重ねてプログラムの処理速度の向上を行っていました。

第3章

奇跡の数列

数列界で最も有名!
フィボナッチ数列

最も有名な数列のひとつに、「フィボナッチ数列」というものがあります。

$$1, 1, 2, 3, 5, 8, 13, 21, 34, \cdots$$

これは、初項を1として、前の2つの項の合計が次の項になるという数列です。漸化式で、

$$a_{n+2} = a_{n+1} + a_n \,(\, a_2 = 1, \, a_1 = 1 \,)$$

と表すことができます。

フィボナッチ数列は、12〜13世紀頃のイタリアの数学者、レオナルド・フィボナッチがその著書『算盤の書』で「ウサギの問題」として初めて取り上げました。

> ウサギのつがい（オス1匹、メス1匹）が生まれた。このつがいは、生後1か月で親ウサギに成長し、2か月目からは毎月1組のつがいを産む。
>
> さて、最初に1組のつがいがいたとすると、nか月後のつがいの数はいくつになっているだろうか。ただし、ウサギは死なないものとする。

ある月のウサギのつがいの数について見ていきましょう。

右図のように、ウサギのつがいは、1, 1, 2, 3, 5, 8 … と増えていきます。
ここから、前月のつがいの数と当月のつがいの数（子ウサギが1か月で親ウサギに成長するため）の合計であることがわかるので、**ある月のウサギのつがいの数は、前月のウサギのつがいの数と前々月のつがいの数を足した数**になります。

フィボナッチ数列

前の2項を足すと次項になる

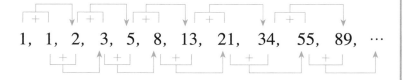

1, 1, 2, 3, 5, 8, 13, 21, 34, 55, 89, …

ウサギの問題

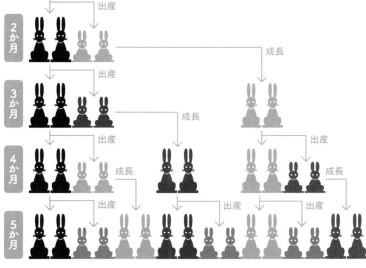

スタート時には1組のつがいの子ウサギがいる。子ウサギは1か月めに親になり、2か月めから子どもを産みはじめる。つがいの数を月ごとに数えると、「1, 1, 2, 3, 5, 8, …」となり、フィボナッチ数列になる。

身近にたくさん！
自然界に存在するフィボナッチ数列

　フィボナッチ数列は、先のウサギのつがいの例を含め、自然界に多く現れます。ここでは、有名な例を２つ挙げてみます。

　１つ目は、「ミツバチの家系図」です。

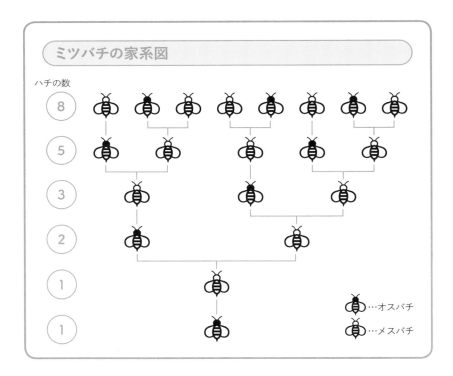

　ミツバチのオスは未受精卵、メス（女王バチ）は受精卵から産まれます。オスのミツバチは半数体といって、遺伝子を半分しか持っていません。つまり、メスバチには父親がいて、オスバチには父親がいないのです。
　そこで、１匹のオスバチの家系図を書いていくと、その数がフィボナッチ数列になります。

2つ目は、「階段を上がるパターン」です。

階段を1段または2段ずつ上がるとしたとき、階段の段数ごとに上がり方が何通りあるかを考えましょう。

まず、0段の場合は1通りと考えます。1段の場合は「1段上がる」しかないので1通り、2段の場合は「1段ずつ2回上がる」「2段上がる」の2通り、3段の場合は「1段ずつ3回」「2段→1段」「1段→2段」の3通りです。

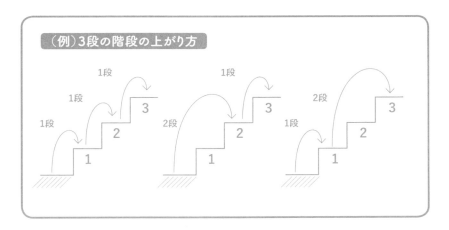

（例）3段の階段の上がり方

4段の場合は、最後に上がる段数を1段とすると、3段めまではさきほど求めた3通り。最後に上がる段数を2段とすると、2段めまではさきほど求めた2通りなので、合わせて5通りになります。5段の場合も、最後に上がる段数を1段と2段の場合に分けて考えると、3 + 5=8通りになります。ここまでの結果を並べてみると、1, 1, 2, 3, 5, 8, …からフィボナッチ数列であることがわかります。

じつは、求めたい段数の上がり方のパターン（組合せ）の数は、1段下までで求めた上がり方の「組合せの数」と、2段下までで求めた上がり方の「組合せの数」を足した数だということに気づかれたでしょうか？

階段の段数をn、階段の上がり方の「組合せの数」を1段めから順に並べた数列を$\{a_n\}$とすると、1段の階段の上がり方はa_1通り、2段の場合はa_2通り、n段の場合はa_n通りと表せます。この数列を使って、より汎用的な形で示してみましょう。

　n 段の階段を上がるとき、最後に n 段めに上がる場合も、1 段上がるか、2 段上がるかのどちらかになります。

　1 段の場合は、$n-1$ 段めからの 1 通り、2 段の場合は、$n-2$ 段めからの 1 通り、つまり 2 通りしかありません。

　n 段の階段の上がり方を a_n 通りとすると、次のように考えられます。

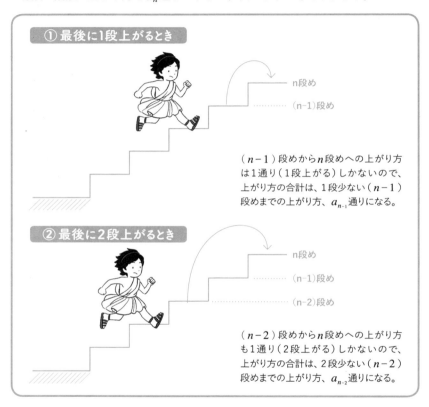

① 最後に1段上がるとき

n段め
(n-1)段め

（$n-1$）段めから n 段めへの上がり方は 1 通り（1 段上がる）しかないので、上がり方の合計は、1 段少ない（$n-1$）段めまでの上がり方、a_{n-1} 通りになる。

② 最後に2段上がるとき

n段め
(n-1)段め
(n-2)段め

（$n-2$）段めから n 段めへの上がり方も 1 通り（2 段上がる）しかないので、上がり方の合計は、2 段少ない（$n-2$）段めまでの上がり方、a_{n-2} 通りになる。

　n 段めまでの上がり方の合計 a_n は、①と②の合計になるので、

$$a_n = a_{n-1} + a_{n-2} \quad (n \geqq 3)$$

> 前の2つの項の合計が次の項になっているので、
> フィボナッチ数列である

Have a Break!

ちょっとひと休み
東大の過去問にもフィボナッチ数列が登場!

　2015年度の東京大学の入試問題で、じつはフィボナッチ数列が登場しました。

> 数列 $\{p_n\}$ を次のように定める。
> $$p_1 = 1,\ p_2 = 2,\ p_{n+2} = \frac{p_{n+1}^2 + 1}{p_n}\ (n = 1,\ 2,\ 3,\ \cdots)$$
> （1）$\dfrac{p_{n+1}^2 + p_n^2 + 1}{p_{n+1}\,p_n}$ が n によらないことを示せ。
> （2）すべての $n = 2,\ 3,\ 4,\ \cdots$ に対し、$p_{n+1} + p_{n-1}$ を p_n のみを使って表せ。
> （3）数列 $\{q_n\}$ を次のように定める。
> $$q_1 = 1,\ q_2 = 1,\ q_{n+2} = q_{n+1} + q_n\ (n = 1,\ 2,\ 3,\ \cdots)$$
> すべての $n = 1,\ 2,\ 3,\ \cdots$ に対し、$p_n = q_{2n-1}$ を示せ。

　問題文の中には「フィボナッチ数列」という記述はありませんが、小問（3）で出てくる数列 $\{q_n\}$ の式

$$q_1 = 1,\ q_2 = 1,\ q_{n+2} = q_{n+1} + q_n\ (n = 1,\ 2,\ 3,\ \cdots)$$

をよく見ると、フィボナッチ数列の漸化式であることがわかります。フィボナッチ数列であることが思いつくかどうかが、解法への近道といっても過言ではありません。

　最初に与えられた数列 $\{p_n\}$ に対して、

$$p_n = q_{2n-1}\ (n = 1,\ 2,\ 3,\ \cdots)$$

を証明します。

　数列 $\{p_n\}$ は、$n=1$ のとき $p_1=q_1=1$、$n=2$ のとき $p_2=q_3=2$、$n=3$ のとき $p_3=q_5=5$…、すなわち、フィボナッチ数列の奇数番目の項だけを抜き出した数列です。

（1）（2）は数式の変形で（別解もあります）、（3）は数学的帰納法を使って解きます。

　いずれも数式を粘り強く変形していく、体力勝負の問題です。ぜひ挑戦してみてください！

人間が最も美しいと感じる
"黄金比"って?

　この本に関する打ち合わせのとき、所属事務所のマネージャーさんに「黄金比って聞いたことありますか?」と聞いたら、「はい!　よくいいますよね、餃子のタレの酢と醤油の配合の比率で黄金比とか」という答えが返ってきました(笑)。

　このように、「理屈はともかく、えもいわれぬ絶妙な比率」のことを黄金比とたとえることが日常生活の中では稀にあります。

　黄金比とは、人間が最も美しいと感じる比率といわれ、古代より多くの芸術家や数学者を魅了してきました。

　その比率の正確な値は

$$「1 : (1 + \sqrt{5}) \div 2」$$

　もう少しわかりやすくすると「1 : 1.618033…」。

　この「1.618033…」を黄金数といい、φ(ファイ)という記号で表します。近似値は「1 : 1.618」、「5 : 8」で、57ページでお話しした数学者・ユークリッドが『原論』の中で、「外中比」という言葉で、次のように定義しています。

> ある線分において、全体に対する長い部分の比が、長い部分に対する
> 短い部分の比と等しくなるとき、その線分は黄金比で分けられている。

　美術や建築の世界でも黄金比という言葉がよく使われていて、有名なものでは、「ミロのヴィーナス」、「クフ王のピラミッド」、「パルテノン神殿」などがあります。「ミロのヴィーナス」はおへそを境にした上下の長さの比、「クフ王のピラミッド」は高さと底辺の比、「パルテノン神殿」は高さと横幅の比が黄金比になっています。

　あえて黄金比になるようにデザインしたのかもしれませんし、皆が美しいと感じるデザインの中に、たまたま結果的に黄金比となっていた、という場合もあるでしょう。

黄金比といわれる建築物や芸術作品の一例

パルテノン神殿

地面から屋根までの高さと横幅の比が黄金比になっている

クフ王のピラミッド

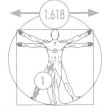

高さと底面の1辺の長さの比が黄金比になっている

ダヴィンチの黄金比

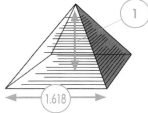

丹田（へそから指2本分下）から足先と広げた両腕の比が黄金比

ミロのヴィーナス

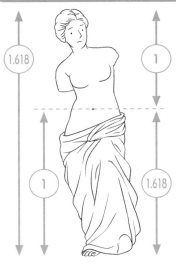

足先からへそまでと、へそから頭のてっぺんまでの長さの比、足先からへそまでと、全身の長さの比が黄金比になっている

パリの凱旋門

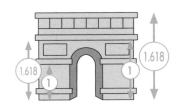

地面から門のあしらいまでの長さの比が、それぞれ黄金比になっている

映画史に残る人気と美しさで世を魅了した名女優、オードリー・ヘプバーンも顔のタテヨコ比率が黄金比なのだとか！

「1：φ」の分割は無限に続く…
［黄金比あれこれ①］黄金長方形

　世の中をぐるりと見渡してみると、想像以上に「黄金比」が潜んでいることがわかります。私たちが普段何気なく使っているものの中にも、じつは含まれていることが多いです。

　その中のひとつに、「黄金長方形」というものがあります。
　縦と横の比が右図のように「1：1.618…」＝「1：φ」、すなわち黄金比になっている長方形のことです。

　この長方形を、「正方形とそれ以外」で分割すると、「それ以外」の部分は黄金長方形、すなわち縦横比が1：φになっています。さらにその黄金長方形を「正方形とそれ以外」で分割すると、新たに小さな黄金長方形ができます。この「正方形とそれ以外」で分割し続けていっても、延々に黄金長方形ができます。

　また、最初の黄金長方形の対角線と、次にできた黄金長方形の対角線を引いてみると、2線は直角に交わることがわかります。1番目の黄金長方形の対角線は3番目にできる黄金長方形の対角線に、2番目にできた黄金長方形の対角線は4番目にできた対角線になります。
　黄金長方形の分割をどんどん続けていくと、この2本の対角線の交点に収束していくのです。不思議ですね！　ちなみに、身近なところでは、パスポートや、ものによっては名刺やキャッシュカードなどもタテヨコ比が黄金比だといわれています。

　さらに、今度は右図「黄金螺旋」のように、黄金長方形で「正方形とそれ以外」に分割された正方形を弧で結んでいくと螺旋が収束していくのがわかります（黄金螺旋については次のページで詳しく説明します）。
　ちなみに、これ、どこかで見たことはありませんか？　そう、カタツムリの渦巻きに似ているのです！　カタツムリが好きな人はもちろんですが、苦手な人も、明日から「カタツムリは黄金螺旋なのか！」と思うと、ちょっと見方が変わるかもしれません。

黄金長方形

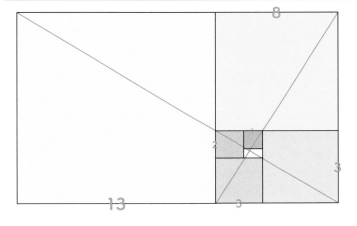

黄金螺旋

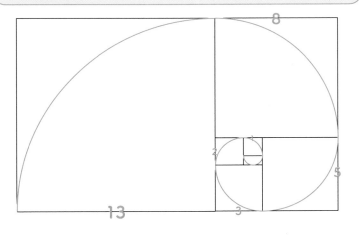

　収束していく部分の正方形から、発散する方向（大きくなるほう）に正方形の1辺の長さの比を見ていくと、1,2,3,5,8,13,…となり、初項の1を除いた、第2項目以降のフィボナッチ数列が出現します。

生物の成長に深く関与
［黄金比あれこれ②］ 黄金螺旋と対数螺旋

　自然界に存在する螺旋について、もう少し詳しく説明していきましょう。

　黄金長方形の分割によってできた正方形の対角を通るように円弧をつないでいくと現れるものを「黄金螺旋」といいます。黄金螺旋は正方形の切れ目のところで微妙に曲線の曲がり方が変わりますが、これをより滑らかになるように引いていくと、右図のような「対数螺旋」という曲線が描けます。対数螺旋は等角螺旋とも呼ばれ、中心から伸ばした直線と、螺旋の交点の接線からなる角度が常に等しくなる性質を持っています。

　対数螺旋が持つ性質で最も重要なのが「自己相似性」で、「どこを切り取っても同じような形になる」という性質です。拡大や縮小をしても全体の形が変わらないため、動物や植物、自然現象など、自然界のあらゆるところで見られます。

　カタツムリの渦巻き以外に、自然界で「対数螺旋」が見られることで有名なのがオウムガイです。オウムガイは成長するにつれて貝殻も大きくなりますが、その際に、もとの貝殻の形を変えたり、成長する度に殻を一新したりするのではなく、「対数螺旋」に沿って同じ比率でどんどん拡大していくほうが、効率よく成長できるためではないか、といわれています。

　対数螺旋は、オウムガイ以外にも、ハマグリのような二枚貝やアワビなどの一枚貝などにも見られます。ぐるぐる巻いていないだけで、対数螺旋を描くように成長していくことがわかっています。

　ほかにも、羊や牛の角も同じように対数螺旋を描いて成長しているといわれており、また、台風の渦巻きや銀河系の形が対数螺旋に似た形状になっているのも、常に同じ形状で成長するために都合がいいからだと考えられています。

　ハヤブサは、空から獲物に襲いかかるとき、対数螺旋を描きながら降下していくそうです。これは、中心にある獲物を常に同じ角度で見ることで、獲物を見失いにくくするとともに、空気抵抗を大きくして降下しやすくするためだと考えられています。

対数螺旋

中心から伸ばした直線と、螺旋の交点の接線からなる角度が常に等しくなる。

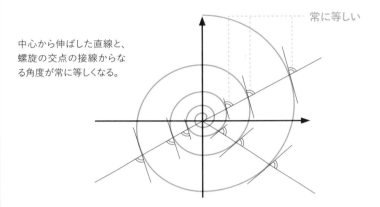

常に等しい

自然界で見られる対数螺旋

オウムガイの貝殻

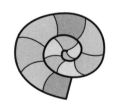

銀河系の渦巻

ハヤブサの飛び方

獲物

羊の角

すべての「形」は必然
［黄金比あれこれ③］ 正五角形と黄金三角形

「正五角形」と聞くと、何を思い浮かべるでしょうか？

函館の五稜郭、アメリカのペンタゴン、化学式のシクロペンタンやペンタゾール、サッカーボールの皮……いろいろありますね。この正五角形にも、じつは黄金比が潜んでいます。

2本の対角線が右図①のように交わるとき、短いほうの線分と長いほうの線分の比がじつは1：φ（黄金比）になっています（証明は長くなるため本書では割愛します）。

また、右図②のように1つの頂点から2本の対角線を引くと、辺の比がφ：φ：1の二等辺三角形が1つ、1：1：φの二等辺三角形が2つできます。これらの三角形を「黄金三角形」といいます。

じつは黄金三角形も、黄金長方形と同様に分割すると、新たな黄金三角形ができます。分割を無限にくり返していき、その頂点を曲線で結んでいくと黄金螺旋が描けます。

ちなみに、正五角形やその対角線でつくられる五芒星などは、360°の5分の1、つまり72°で5度回転させるともとの位置に戻る性質があります、この性質を「5回対称性」といい、正五角形と黄金比には大きな関連性があるといえます。

自然界では、花びらを5枚持つ花の種類はとても多いですし、動物で星の形をしているものというと、真っ先にヒトデが思い浮かぶ人も多いと思いますが、黄金比や5回対称性を持つ構造が有利に働くためと考えられています。

正五角形と黄金比

①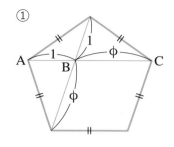

AB：BC＝1：φ（黄金比）

黄金三角形

②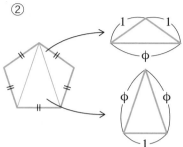

黄金三角形と黄金螺旋

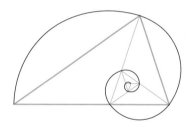

黄金三角形の列から黄
金螺旋が描かれます

五回対称性

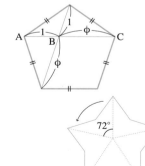

自然は黄金比に
満ちている！

$$\frac{360°}{5} = 72°$$

72°回転したとき
自分自身と重なる

ノーベル物理学賞受賞のペンローズ 『ペンローズ・タイル』にも黄金比が!

　幾何学では、「平面を図形でどのように敷き詰めることができるか」という問題が長年研究されています。

　「そこに何の意味があるのだろうか?」と疑問に思われるかもしれませんが(笑)、世紀の大発見というのは、とても気が遠くなるような道のりと血のにじむような努力、そして普通の人が考えつかないようなことを行ってこそ生まれるものなのかもしれません。

　この研究を行うイギリスの物理学者ロジャー・ペンローズ氏が、2020年、ノーベル物理学賞を受賞しました。そのペンローズが考案した「ペンローズ・タイル」に、じつは黄金比が登場しているのです。

　右図のような「ダーツ」と「凧(たこ)」という2種類のひし形があり、この2種のひし形で、平面を敷き詰めていくことができます。それぞれ、1:1:ϕ(ダーツ)とϕ:ϕ:1(凧)の黄金三角形を2種類並べたものになっています。

　さらに敷き詰める範囲を無限に広げていくと、2種類の図形の個数の比もϕに近づいていきます。

　ここで、ちょっとペンローズ・タイルを眺めてみてください。星の形が浮かび上がってきませんか?　黄金三角形をつくるために、正五角形に対角線を引きましたが、すべてを結ぶと星の形になるのがわかります。黄金比と星の関係、なんだか不思議な感じがしますね。

ペンローズ・タイルのダーツと凧

・ダーツ

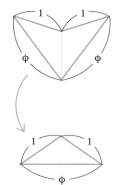

・凧

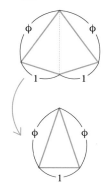

ペンローズ・タイル

ジャパニーズカルチャーに欠かせない！
日本芸術に出現する"白銀比"とは？

　黄金比は西洋文化で見られることが多いのに対し、日本の美術や建築の世界では、「白銀比」というものが好まれてきたようです。

　白銀比は別名を大和比ともいい、

$$1 : \sqrt{2} \ (\text{ルート} 2)。$$

　正方形の一辺と対角線の比でもありますね。近似値は、「1：1.41421356…」。「一夜一夜に人見頃…」と語呂合わせをしながら覚えたという人もいるかもしれません。

　この白銀比はどのようなものに見られるかというと、「法隆寺五重塔」を始めとする日本建築や菱川師宣・作『見返り美人図』などの日本美術などです。「法隆寺五重塔」は最上段と最下段の屋根の長さの比、『見返り美人図』は帯を境にした上下の長さの比が白銀比となっています。

　また、黄金長方形と同じように、縦横の辺の比が白銀比になっているものを「白銀長方形」といいます。
　右図のように、長方形の長いほうの辺の中点で切って半分にすると、残った長方形も白銀長方形になります。
　じつはこれ、私たちが普段使っている A4 などの紙の縦横比と同じなのです。A3 の紙を半分にすると A4 になり、さらに半分にすると A5 になり……と、まさに白銀長方形の性質と一致します。

　白銀比のほかに、青銅比（1:3.303…）や白金（またはプラチナ）比（1:1.732…）というのもあり、黄金比とあわせて"貴金属比"のひとつとして知られています。
　語源については不明ですが、特別な数値であることがストレートに伝わりやすい言葉ですね。
　意外と身近なところに白銀比が潜んでいるので、家の中はもちろん、外出したときに、ちょっと周りを見渡して探してみると面白いかもしれません。

白銀比といわれる建築物や芸術作品の一例

法隆寺五重塔

最上階の屋根と最下層の屋根の横幅の比が白銀比になっている

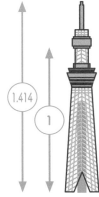

1

1.414

見返り美人図

腰から上と腰から下の長さの比が白銀比になっている

1

1.414

東京スカイツリー

全体の高さと、第2展望台までの高さが白銀比になっている

1.414

1

A判

約 $1.4 (\sqrt{2})$

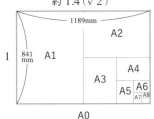

	1189mm	
		A2
1 841mm	A1	

A3　A4　A5　A6　A7 A8

A0

よく使うコピー用紙も白銀比。
B判も同様

人気キャラクターのキティちゃんやドラえもん、アンパンマンなどの顔のタテヨコ幅が白銀比といわれています。

$\dfrac{(1+\sqrt{5})}{2}$ を見たら疑うべし
黄金数とフィボナッチ数列の親密な関係

「黄金比」は、$\dfrac{(1+\sqrt{5})}{2} = 1.618033\cdots = \phi$ で表せると90ページで説明しました。この黄金比で分割することを「黄金分割」と呼びます。

じつはこの黄金比、フィボナッチ数列と密接な関係があるんです。

下記、フィボナッチ数列から考えてみましょう。

【フィボナッチ数列】（再掲）
> 1, 1, 2, 3, 5, 8, 13, 21, 34, 55, …

この隣り合う項の比率を順に見てみると、

$$\dfrac{1}{1}=1 \quad \dfrac{2}{1}=2 \quad \dfrac{3}{2}=1.5 \quad \dfrac{5}{3}=1.667 \quad \dfrac{8}{5}=1.6 \quad \dfrac{13}{8}=1.625 \quad \cdots$$

となります。項の値が増えるにつれて、どんどん黄金比に近い値になっているのがわかるでしょうか？　この隣り合う項の比率は、無限に近づくと、ϕ に収束するという性質を持っています。

フィボナッチ数列は1から始まりますが、じつは最初の2つの項が何であっても黄金比に収束していきます。たとえば3と7で始まるフィボナッチ数列の場合、

3, 7, 10, 17, 27, 44, 71,…

$$\dfrac{7}{3}=2.333 \quad \dfrac{10}{7}=1.429 \quad \dfrac{17}{10}=1.7 \quad \dfrac{27}{17}=1.588 \quad \dfrac{44}{27}=1.630$$

$$\dfrac{71}{44}=1.614 \quad \cdots$$

このように、ϕ に近づいていっていることがわかります。黄金比は、ものすごく汎用性の高い性質だということがわかりますね！

$$
\begin{array}{ll}
1 & \times 1 \\
1 & \times 2 \\
2 & \times 1.5 \\
3 & \times 1.66\cdots \\
5 & \times 1.6 \\
8 & \times 1.625 \\
13 & \times 1.615384\cdots \\
21 & \times 1.619047\cdots \\
34 & \times 1.617647\cdots \\
55 & \\
\vdots & \vdots
\end{array}
$$

n 番めの数
$n + 1$ 番めの数 $\quad \times 1.618033\cdots$

↓ どんどん近づいていく

ϕ

ビネの公式

フランスの数学者であり物理学者だったジャック・ビネ（1786〜1856年）は、「n番目のフィボナッチ数列は黄金比を使って表すことができる」とし、この「ビネの公式」と呼ばれるものを広めたといわれています。

下の式の n に100を代入すると、100番目のフィボナッチ数列になります。そして、この公式には、黄金数である $\frac{(1+\sqrt{5})}{2}$ が含まれています。

$$
F_n = \frac{1}{\sqrt{5}} \left\{ \left(\frac{1+\sqrt{5}}{2} \right)^n - \left(\frac{1-\sqrt{5}}{2} \right)^n \right\}
$$

自然界は奇跡であふれている！
植物に潜むフィボナッチ数列

植物とフィボナッチ数列にも重要な関係があります。

多くの花の花びらの数は、フィボナッチ数列のいずれかの数になっています。

たとえば、わかりやすいところでいうと、サクラ、ウメ、スミレ、パンジーなどは5枚、ヒエンソウは8枚、サワギクというキク科の花は13枚、マーガレットは21枚。チューリップは花びらとしては3枚です（種類によっては例外もあります）。

フィボナッチ数列を改めて眺めてみると、100以下では奇数が多く存在します。11個中8個もあり、なんと72.7％！

$$①, ①, 2, ③, ⑤, 8, ⑬, ㉑, 34, ㊵, ⑧⑨, \cdots$$

花占いでは、花びらの数が奇数であれば、最初と最後が同じになります。ですから、花占いをするときは、予め花の種類と花びらの数を頭の中に入れておいて、願望を先にいうことをオススメします。

また、花だけではなく、葉の生え方にもフィボナッチ数が出現します。

植物は成長するときに、茎にそって螺旋を描くように葉をつけますが、上から見てなるべく葉が重ならないようにつけていきます。そのほうが、より多くの葉に日光や雨を浴びせやすくなるからです。

上から見て、葉がちょうど重なるまでの周回数と枚数がフィボナッチ数になっているものが多いことがわかっています。

茎に対する葉のつき方を専門的には「葉序」と呼びます。

たとえば、イネ科の植物は茎を1周して2枚目で重なるので「$\frac{1}{2}$葉序」、セイタカアワダチソウは5周・13枚目でちょうど重なるので「$\frac{5}{13}$葉序」といわれます。

花びらの数

サクラ　5枚

チューリップ　3枚

マーガレット　21枚

葉序

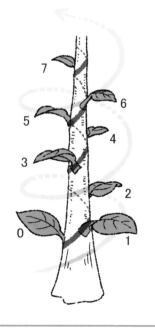

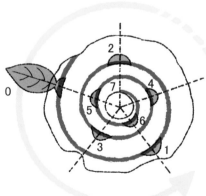

螺旋を描きながら茎をつたって葉をつけていく様子

さらに、花や葉だけでなく、種や果実も同様です。

ヒマワリの種はぎっしり詰まっていますが、よく見てみると、じつは外に向かう螺旋を描くように並んでいます。この螺旋の本数がフィボナッチ数になっています。

時計回りと半時計回りの2種類の螺旋を描きますが、それぞれ隣り合ったフィボナッチ数列の数になります。

松かさ（松ぼっくり）やパイナップルのように、小さな果実が集まってひとつの果実を形づくる「集合果」と呼ばれるものからも、フィボナッチ数列がはっきりと観察できます。

松かさであれば5本や8本、13本、パイナップルであれば8,13,21,34本という列の数になっていて、時計回りと反時計回りの2種類それぞれが隣り合ったフィボナッチ数だけ確認することができます。

種に関しては、できるだけたくさん子孫を残すために、より効率よく種をつけられるように、このような配列になっていると考えられています。

レオナルド・フィボナッチ
（*Leonardo Fibonacci*）

1170年頃〜1250年頃、イタリア生まれ。数学者。フィボナッチは愛称で、本名に近いのは、レオナルド・ダ・ピサだといわれている。『算盤の書』を執筆・出版し、フィボナッチ数列を残した。北アフリカのアラブ人を相手に輸入業をしていた父親のもとで働き、また長期にわたりアルジェリアで過ごす中でアラビア語を習得したのち、アラブの10進記数体系を身につけた。ギリシャやローマの記数体系よりも使いやすいことに気づき、それらをヨーロッパに広めた。

植物とフィボナッチ数列

ヒマワリの種

ヒマワリの花芯から、反時計回りの螺旋34本と、時計回りの螺旋21本が見てとれる

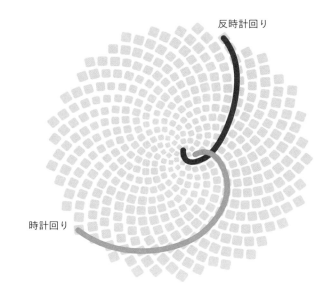

反時計回り

時計回り

松かさ

鱗片が螺旋を描きながら松かさをつくっている。反時計回りの螺旋13本と、時計回りの螺旋8本が見てとれる

時計回り

反時計回り

無限に続く、美しい黄金数

　分数の分母に、さらに分数が含まれている数のことを「連分数」といいます。分母の中に１つでも分数が"入れ子構造"になっていれば、連分数です。分母に無限に分数を含むものもあり、無限に続く連分数の中でも、同じ数だけで表されるものや、少ない数の整数だけで表される連分数は、とくに美しいといわれています。

　最も美しい比率である黄金比を連分数で表すと次のようになります。

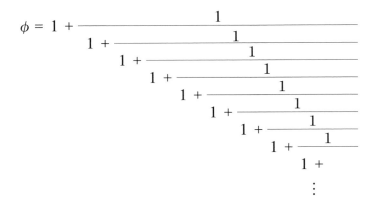

　どうでしょうか？　もし、「美しい！」「アートだ！」と思われた方は、すでに数学のみならず、数列というややマニアックな世界にとり憑かれている証拠だと思います（笑）。

　ちなみに、この黄金比（φ）の連分数の中には、「１」という数しか出てきません。黄金数は、連分数をも美しくさせているのです。

　ほかにも、$\sqrt{2}$ や π などの特殊な数の連分数も、神秘的な美しさです。本書では割愛しますが、よかったら調べてみてください。

第 4 章

使える数列

等差数列と等比数列の使い分けで
貯金もローンもお得に？

　お金を借りたときに一定の率で上乗せされる分を利子、貯金などに一定の率で上乗せされる分を利息といいますが、"上乗せされる"という意味では同じです。

　12ページで利息の計算も数列で表せることをお伝えしましたが、利息の計算方法には、既出の「単利方式」と、これからご紹介する「複利方式」の2種類があります。
　利息を計算するときには、元になるお金（元本または元金）に利率を掛けますが、元金が最初から常に変わらないのが単利方式、計算した利息を加えて次回の元金を計算するため金額が常に変わっていくのが複利方式です。

　たとえば、銀行に100万円の貯金があったとして、利息が1年ごとに1％発生するとします（残念ながら現在はそのような銀行はほとんどないと思いますが…計算をわかりやすくするためです！）

　1年後、100万円の1％の利息、すなわち1万円が加わります。貯金額は単利方式でも複利方式でも101万円ですが、「元金」は単利方式では100万円で変わらず、複利方式の場合は、$100 + 1 = 101$万円になります。
　2年後の利息は、単利方式は同じ1万円です。しかし、複利方式の場合は、101万円の1％になるので1万100円。少額ではありますが、複利方式のほうが100円多くなります。

　「なんだ、100円なんてたいして変わらない額じゃないか」と思われるかもしれませんが、右のグラフを見てみてください。年数が経つにつれ、その金額差が広がっているのがわかります。15年後あたりで1万円、43年後には10万円の差がつきます。
　もし元金がもう1桁多かったらどうでしょうか……？　ただ預けているだけで、いつの間にか100万円増えていたらうれしいですね！

複利方式と単利方式の貯金額の推移

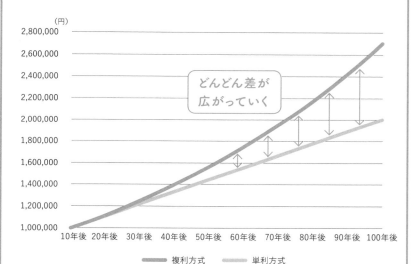

どんどん差が
広がっていく

（円）

━━━ 複利方式	━━━ 単利方式

最初の1年はたいした差がなくても、
40年後、50年後…と期間が経つと
ともに、どんどん差が広がっていきます。
100年後には、なんと約70万円
近くの差が！ これが元金1000万円
だったら700万円にもなります。
実際には、金利1%という夢のような
銀行はありませんが、たとえ少額でも、
何もしないで増えていくなら、多いほ
うがいいですよね！
貯金をするときやローンを組むときは、
ぜひこのことを頭の片隅に入れてお
いていただき、検討してみてください。

　短期的に見る、もしくは少額であれば貯金もローンも、「単利方式」も「複利方式」もそこまで差は出ません。

　しかし、長期的に見る、もしくは高額であればその差が良くも悪くも大きく出ます。自分が預けたお金が一体いくらになるのか、支払うローンがどれだけ損するのか、それらを自分で計算できるといいですよね。

　それぞれの方式を数式で表してみます。

　1年に1度利息がつくとして、元金の貯金額をa、利息率をpとすると、n年後の貯金額は

$$単利方式 \quad \rightarrow \quad a(1+np)$$

$$複利方式 \quad \rightarrow \quad a(1+p)^n$$

　単利方式は、毎年（$a \times p$）円ずつ増えていくので、「公差apの等差数列」、
　複利方式は、毎年（$1+p$）倍になっていくので、「公比$1+p$の等比数列」で表すことができます。
　それぞれ数列の形になっていますが、等差と等比、性質が異なることがわかりますね。

　となると、貯金したり投資したりする場合は「複利方式」がお得、ということになりますが、ローンなどの借金の場合は「単利方式」のほうがまだマシに思えてきます。ちなみに、クレジットカードやローンの利率の多くが複利方式をとっているようです。

　しかし、きちんと、そして早く返済する＝元金を早く減らすと、そのぶん利子も減っていくため、最終的に支払う利子の総額を削減できるというメリットがあります。この仕組みが、早期返済へのモチベーション向上の効果をもたらしているともいわれているようです。

複利方式と単利方式の元金、利息、貯金額の比較

	複利方式			単利方式			差
	元金	利息	貯金額	元金	利息	貯金額	
0 年後	1,000,000	0	1,000,000	1,000,000	0	1,000,000	0
1 年後	1,010,000	10,000	1,010,000	1,000,000	10,000	1,010,000	0
2 年後	1,020,100	10,100	1,020,100	1,000,000	10,000	1,020,000	100
3 年後	1,030,301	10,201	1,030,301	1,000,000	10,000	1,030,000	301
4 年後	1,040,604	10,303	1,040,604	1,000,000	10,000	1,040,000	604
5 年後	1,051,010	10,406	1,051,010	1,000,000	10,000	1,050,000	1,010
6 年後	1,061,520	10,510	1,061,520	1,000,000	10,000	1,060,000	1,520
7 年後	1,072,135	10,615	1,072,135	1,000,000	10,000	1,070,000	2,135
8 年後	1,082,857	10,721	1,082,857	1,000,000	10,000	1,080,000	2,857
9 年後	1,093,685	10,829	1,093,685	1,000,000	10,000	1,090,000	3,685
10 年後	1,104,622	10,937	1,104,622	1,000,000	10,000	1,100,000	4,622
⋮	⋮	⋮	⋮	⋮	⋮	⋮	⋮
42 年後	1,518,790	15,038	1,518,790	1,000,000	10,000	1,420,000	98,790
43 年後	1,533,978	15,188	1,533,978	1,000,000	10,000	1,430,000	103,978
44 年後	1,549,318	15,340	1,549,318	1,000,000	10,000	1,440,000	109,318
45 年後	1,564,811	15,493	1,564,811	1,000,000	10,000	1,450,000	114,811

2 年後は
まだ100円
しか差が
ないが…

43年後には
差が10万円
を超える

45年後には
564,811円も
増えている!!

元金が変わらないので
利息の金額も変わらない

上の表は、エクセルを使って作成した
データをベースに、一部を切り取って
掲載しています。これから定期預金や
積立預金、外貨預金（ただし為替リ
スクあり）などを始めようと考えている
方は、やや面倒ですが、このような表
にまとめて、銀行ごとに金利と先々の
貯金額を比較してみるのも面白いかも
しれません。

たった64枚の円板だけでなぜ!?
世界が終わる数列

「ハノイの塔」というパズルをご存知でしょうか？　右図のように3本の棒が立ててあり、そのうちの1本の棒に、大きさの違う3枚の円板が、小さいものが上にくるように挿してあるものです。

　これを、「1回で1枚の円板だけ移動できる」「自身より小さい円板の上には移動できない」というルールのもとで別の棒に移動させる場合、図のように7回で移動が完了します。

　次に4枚のときは何回で移動が完了するでしょうか？　まずいったん一番下の最大の円板は無視して、上の円板3枚をⅡに移していきます。この時点で7回。次に最大の円板を空いているⅢに移動させます。これで1回。そこから、再び3枚を同じ並びでⅢに移動させるのに7回かかり、計15回になります。ちなみに5枚の場合は31回です。

　円板の枚数がn枚として、一般項を数式で表してみます。
　まずは、一番下の円板を目標の棒に移さなければいけないので、次の手順に分けて考えます。

> ① 下から2番目より上の円板群を別の棒に移す
> ② 一番下の円板を残りの棒に移す（自身で1本、2番目より上の円板で1本使っている状態のため）
> ③ ①で移した円板群を②で移動させた棒に移す

　ここで、①および③の手順に必要な回数は、じつは下から2番目より上の円板群＝（$n-1$）枚を移動させるのと同じ回数になるので、
　$a_n = 2a_{n-1} + 1$という漸化式ができます。これを解くと、$a_n = 2^n - 1$という式が得られ、これが一般項になります。たしかに、$n=3$のときは$2 \times 2 \times 2 - 1 = 7$回となりますね。
　さて、「64枚のハノイの塔の移動が終わったとき、世界が終わる」という伝説があるのだそうです。64枚の場合の移動回数は、
　$2^{64} - 1 = 1844$京6744兆737億955万1615回

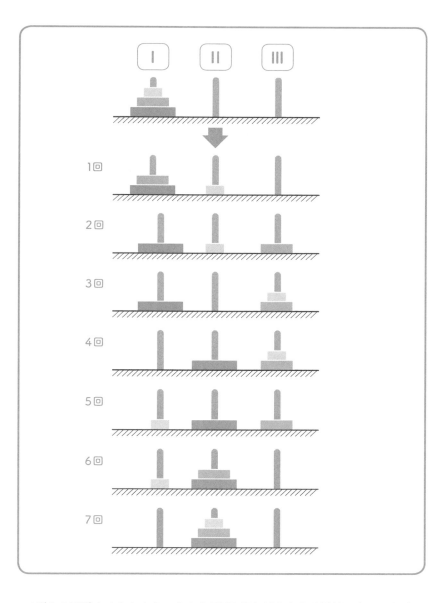

　1秒に1回動かすとしたら、なんと5800億年以上かかる計算になってしまいます。宇宙誕生が138億年前、地球誕生が46億年前だと考えると、とてつもない数字ですね。

碁石の敷き詰め方を予測する
数列と方陣算

　昔から、碁石の数を数える計算方法を「方陣算」と呼び、私立中学校の入試問題や算数のパズルなどでよく出題されています。

　方陣算は、碁石が正方形に敷き詰められているか、その正方形の内側が空いた状態で並べられているか、いずれかで出題されることがほとんどです。

　正方形に敷き詰められた状態の碁石の個数を「平方数」といい、自然数の 2 乗の整数になります。

　どういうことかというと、たとえば 1 の 2 乗、すなわち $1 \times 1 = 1$ からはじまり、

$$2 \times 2 = 4, 3 \times 3 = 9, 4 \times 4 = 16, 5 \times 5 = 25, \cdots$$

と続いていきます。

　ちなみに、平方数のことを別名「四角数」といい、これは正方形に敷き詰められた石の数を数えることに由来しています。

　さて、平方数は正方形の「一辺の石の数 = 2 乗する数」なので、小さいものから並べた数列は、

$$1, 4, 9, 16, 25, 36, 49, \cdots$$

となり、一辺の石の数を n 個とすると、この数列の一般項は、$a_n = n \times n = n^2$ で表せます。

　さて、一辺 100 個の正方形をつくる場合、必要な碁石の数は、$100 \times 100 = 10000$ で求められますが、一辺 100 個ずつの正方形を 101 個ずつに増やすとき、追加で必要になる碁石は何個でしょうか?

　101 の平方数は 10201 なので、もともとある 10000 個の碁石を引いて、

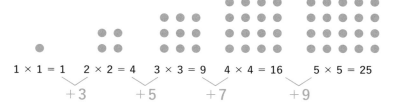

$1 \times 1 = 1$ $\quad$ $2 \times 2 = 4$ $\quad$ $3 \times 3 = 9$ $\quad$ $4 \times 4 = 16$ $\quad$ $5 \times 5 = 25$

$+3$ $\quad$ $+5$ $\quad$ $+7$ $\quad$ $+9$

連続する奇数個ずつ増えていく

碁石の数は一辺の碁石の数の2乗！

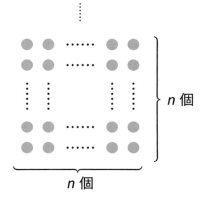

n 個

n 個

一辺の石の数が n 個のとき、
石の数は $n \times n = n^2$ 個

$10201 - 10000 = 201$（個）

となります。

　ただ、この方法だと、さらに個数が増えたときに、2乗する計算が少し大変ですね。

　そこで、この碁石を敷き詰めていくときの「碁石の数」を数列とし、その階差数列を見てみると、

$$1, 3, 5, 7, 9, 11, 13, \cdots$$

　1からはじまる奇数の数列になっているので、平方数の各項は次のように表せます。

$$
\begin{aligned}
1 \ &= 1 \\
4 \ &= 1 + 3 \\
9 \ &= 1 + 3 + 5 \\
16 &= 1 + 3 + 5 + 7 \\
25 &= 1 + 3 + 5 + 7 + 9 \\
&\vdots
\end{aligned}
$$

これを一般項で表すと、

$$a_n = \sum_{k=1}^{n} (2k - 1)$$

　つまり、平方数の数列は、「自然数の2乗」であると同時に、「連続する奇数の合計」という規則性も持っているといえます。

　さきほどの問題では、一辺の石の数が100個から101個に増えました。つまり、101番めの奇数が増えるということなので、上の式に101を代入すると、

$$2 \times 101 - 1 = 201（個）$$

と求めることができます。こちらのほうが、さらに個数が増えたとしても2倍するだけなので、計算が簡単ですね！

　ちなみに、方陣算では「縦と横1列ずつ足して、重なった分の1個を引く」というように図形的にとらえて解きます。この考え方もとても大事です。
　見方を変えて、より計算が楽になる方法を考えることで、数学的センスを磨くこともできます。

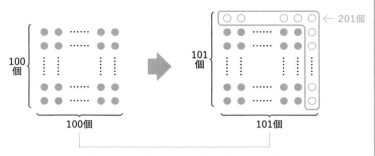

← 201個

100個 → 101個

100個 → 101個

- 101の平方数−100の平方数＝201個
- 101番目の奇数＝201個
- 縦の個数＋横の個数−1＝201個

など、さまざまな計算方法で求められる。

グノモン

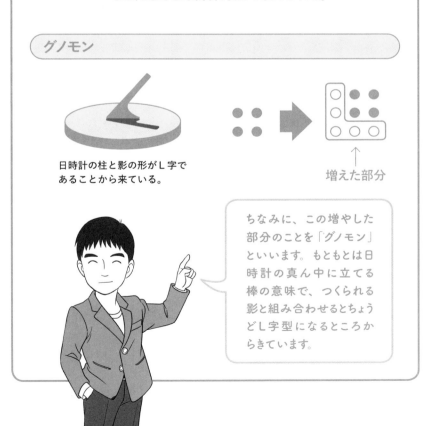

日時計の柱と影の形がL字で
あることから来ている。

↑
増えた部分

ちなみに、この増やした部分のことを「グノモン」といいます。もともとは日時計の真ん中に立てる棒の意味で、つくられる影と組み合わせるとちょうどL字型になるところからきています。

江戸時代からすでに実用化!
三角数と俵杉算

　四角数があるなら三角数もあるのでは？　もちろんあります。

　正三角形の形に石を並べたときの個数を「三角数」といいます。正三角形の一辺が小さい数から並べると、1,3,6,10,15,… となり、三角数は右図のように

$$1 = 1$$
$$3 = 1+2$$
$$6 = 1+2+3$$
$$\vdots$$
$$\sum_{k=1}^{n} k = 1+2+3+\cdots+(n-1)+n$$

と、「連続する自然数の合計」になります。

　それではここで問題です。正三角形の形で、1辺に100個並べられた碁石の数の合計は何個でしょうか？　三角数の性質を考えると、$1 + 2 + \cdots + 99 + 100$ を計算すればよいことになりますが、あえて公式にはあてはめずに考えてみましょう。

　最初の項と最後の項をペアにして足す、と考えると、$1 + 100 = 101$、$2 + 99 = 101$、…のように、すべて同じ101が50組（100の半分）できあがるので、$101 \times 50 = 5050$、と計算できます。

　ちなみに、江戸時代の日本では、積み上げられた米俵の数を数えるのにこの計算方法を使っていたそうです。俵が積み上げられた形が、杉の木に似ていることから「俵杉算」と呼ばれています。俵は碁石のように簡単には動かせないので、こうした工夫が必要だったのでしょう。

　一番上の俵の数と一番下の俵の数を足して、積まれた俵の段数を掛けて2で割ります。この計算方法は、台形の面積の公式「（上底＋下底）×高さ÷2」の考え方と同じです。同じ図形をひっくり返してくっつけたものが平方四辺形になるので、まずその面積を求めて半分にしています。

　公式は、ただ丸暗記するだけでなく、その求め方を知ることで、より理解が深まりますよ。

三角数

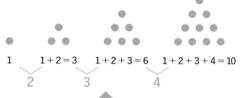

1　　　1 + 2 = 3　　　1 + 2 + 3 = 6　　　1 + 2 + 3 + 4 = 10

2　　　　3　　　　　　4

> 連続する自然数個ずつ増えていく

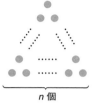

n 個

一辺の石の数が n 個のとき、石の数は 1 から n までの和。すなわち $\displaystyle\sum_{k=1}^{n} k$ 個

江戸時代に使われていた俵杉算

例：一番下の俵の数が 6、一番上の俵の数が 1 の場合。

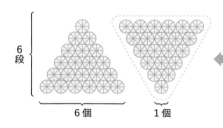

6段

6個　　1個

> 台形のままでは数えにくいので、平行四辺形にして計算しやすくしたということですね！

｛(一番下の俵の数) + (一番上の俵の数)｝×（俵の段数）÷ 2

（6 + 1）× 6 ÷ 2 = 21 個

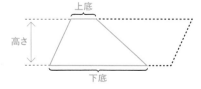

上底

高さ

下底

台形の面積の求め方と同じ見え方
｛(上底＋下底)｝×（高さ）÷ 2
になります。

数列の理解がより深まる！ 知っ得！ 用語集

何となく知っているけど、じつはよくわからない……という用語をまとめています。本文中で迷ったときは、照らし合わせて読み進めていただくと、より理解が深まります。

数式	数字や記号で構成される、数学的な意味を持った式。
変数	時間や条件によって変化する数。数式では、アルファベットで表される。
整数	0と、それに1ずつ足して得られる自然数と、1ずつ引いて得られる負の数の総称。
自然数	1から順に1ずつ足して得られる正の整数。
有理数	整数、および分母と分子が整数で表せる分数のこと。
無理数	有理数ではない実数のこと。小数部分が循環しない無限小数として表される。
素数	1よりも大きく、1と自分自身以外の数では割り切れない数。
合成数	2個以上の素数の積で表すことができる自然数。
項	数列を構成する数。
初項	数列の最初の項。第1項。
末項	数列の最後の項。項の個数が有限である有限数列に存在する。

項数	数列の項の個数。
Σ（シグマ）	数列の総和（合計）を表す記号。
添字（そえじ）	数列の項の順番などを示す数字や記号。
一般項	数列の第n項をnについての数式として表したもの。
漸化式（ぜんかしき）	数列の第n項をその前の項から決まる場合、数式として表したもの。
等差数列	隣り合う2つの項の差が一定である数列。
公差	等差数列の隣り合う2つの項の一定の差。
等比数列	隣り合う2つの項の比が一定である数列。
公比	等比数列の隣り合う2つの項の一定の比。
階差数列	隣り合う2つの項の差を新たな数列としたもの。
群数列	数列を、ある規則に従って群に分けたもの。
有限数列	項の個数が有限である数列。
無限数列	項の個数が無限である数列。
対数	ある数aを何乗したらbになるかを表す数。$\log_a b$と表記する。この式でのaを底、bを真数という。底が10の場合の対数を常用対数という。
ネイピア数	自然対数の底。通常、eと表記する。
自然対数	底がネイピア数（e）の場合の対数のこと。$\log_e$の代わりに$\ln$と表記する場合もある。
命題	客観的に真偽が必ず決まる文章のこと。

数学的帰納法	自然数に関する命題がすべての自然数で成り立つことを証明する手法。
帰納法	個々の具体例から普遍的な原理・法則などを導き出す方法。
演繹（えんえき）法	普遍的な原理・法則などを前提として、結論を導き出す方法。
パラドックス	ある命題から正しく証明されているようでいて、事実に反する結論が導き出されてしまう命題。逆説ともいう。
級数	数列の各項を順に加法記号（＋）で結んだもの。
極限	数列の項の番号が進んでいくにしたがって近づいていく値のこと。
収束	極限が存在する数列の性質のこと。
発散	収束しない数列の性質のこと。
振動	収束せず、正の無限大にも負の無限大にも発散しない数列の性質のこと。
部分和	無限級数において、第1項から第 n 項までの和のこと。
取り尽くし法	ある図形に内接する多角形を考えることで、その図形の面積や体積を近似によって求める方法。
無限等比級数	隣り合う2つの項の比が一定である無限級数。
調和数列	各項の逆数が等差数列となる数列。
逆数	ある数に掛けると1になる数のこと。分数の場合は、分母と分子を入れ替えて求める。

円周率	円周の長さの直径に対する比率のこと。πで表す。
乱数列	ランダムな数が並んだ数列のこと。
擬似乱数列	決められた手順によって、乱数のように見える形で生成された数列のこと。
種	擬似乱数列の場合は、疑似乱数を発生させる元となるデータのこと。
鍵	データを暗号化するためのデータのこと。暗号化と復号に共通のものを使う場合は「共通鍵」と呼ばれる。
スペクトラム拡散	信号の変調方式の一つで、元の信号の周波数帯域の何十倍も広い帯域に拡散して送信する方式。
ファレイ数列	0以上1以下の既約分数を小さいものから順に並べた数列。
約分	分母と分子を同じ数で割り、できるだけ小さい整数にすること。
既約分数	これ以上約分ができない分数のこと。
フィボナッチ数列	初項を1として、前の2つの項の合計が次の項になる数列。
黄金比	$1:\dfrac{(1+\sqrt{5})}{2}$ で表される比。ある線分において、全体に対する長い部分の比が、長い部分に対する短い部分の比と等しくなるように分割したときの比。
黄金数	黄金比における値、$\dfrac{(1+\sqrt{5})}{2}$ のこと。
黄金分割	線分や図形などを、黄金比で分割すること。
黄金長方形	縦横比が黄金比になっている長方形のこと。

黄金三角形	2種類の辺の長さの比が黄金比になっている二等辺三角形のこと。
黄金螺旋	黄金長方形の分割によってできた正方形の2つの対角を通るように円弧を描いていくと得られる螺旋のこと。
対数螺旋	中心から引いた直線と、螺旋との交点での接線とでつくる角度が常に一定となる螺旋のこと。等角螺旋、ベルヌーイ螺旋ともいう。
白銀比	$1:\sqrt{2}$ で表される比。大和比とも呼ばれる。貴金属比の一つ。
青銅比	$1:\dfrac{(3+\sqrt{13})}{2}$ で表される比。貴金属比の一つ。
葉序	植物の葉が茎に対して配列するときの並び方のこと。
連分数	分母にさらに分数が含まれている分数のこと。
単利計算	元金に対してのみ利息を計算する方法のこと。
複利計算	発生した利息を元金に組み入れて次の利息を計算する方法のこと。
四角数	正方形の形に点を敷き詰めて並べたときの点の数。自然数の2乗の数でもあることから、平方数ともいう。
三角数	正三角形の形に点を敷き詰めて並べたときの点の数。
方陣算	碁石などを四角形や三角形などの図形に並べた数を数える問題のこと。
俵杉算	俵などを積み上げたときの数を数える問題のこと。

参考文献

『読む数学　数列の不思議』（瀬山士郎／角川ソフィア文庫）

『声に出して学ぶ解析学』（ララ・オールコック／岩波書店）

『黄金比とフィボナッチ数』（R・A・ダンラップ／日本評論社）

『素晴らしき数学世界』（アレックス・ベロス／早川書房）

『数学の真理をつかんだ25人の天才たち』（イアン・スチュアート／ダイヤモンド社）

『数学ガールの秘密ノート　数列の広場』（結城浩／SBクリエイティブ）

『イラスト＆図解　数学のしくみ』（加藤文元監修／西東社）

『日常にひそむうつくしい数学』（冨島佑允／朝日新聞出版）

『音律と音階の科学』（小方厚／講談社）

『分野別受験数学の理論　数列』（清史弘／駿台文庫）

『新課程　チャート式　基礎からの数学II＋B』（チャート研究所／数研出版）

『増補改訂版　チャート式　基礎と演習 数学II＋B』（チャート研究所／数研出版）

『数学大図鑑』（ニュートンプレス）

『数学の歴史』（森毅／講談社学術文庫）

『数学の魔術師たち』（木村俊一／KADOKAWA）

『眠れなくなるほど面白い 図解 微分積分』（大上丈彦監修／日本文芸社）

『眠れなくなるほど面白い 図解 数学の定理』
（小宮山博仁監修／日本文芸社）

『数学の歴史物語』（ジョニー・ボール／SBクリエイティブ）

『山川 諸説世界史図録 第3版』（山川出版社）

L. R. Ford, Fractions, The American Mathematical Monthly 45 (1938), no. 9, 586-601.

著者紹介

松下 哲（まつした あきら）

1972年生まれ、俳優。

東京大学工学部電子工学科卒業後、メーカーでエンジニアとしてテレビの電子回路等の設計開発に従事。東大学生劇団シアターレベルフォー、『走れ！ばばあの群れ』等を経て、2001年、新国立劇場『贋作・桜の森の満開の下』出演を機に6年勤めたメーカーを退職し、以降、俳優・ナレーターとして活動。何ごとにも「魂燃やす」が信念。

情報処理安全確保支援士、ITストラテジスト、プロジェクトマネージャ、データベーススペシャリスト、システム監査技術者、エンベデッドシステムスペシャリスト、数学教員免許など多数の資格を取得。NHK『新選組血風録』、NHK土曜ドラマ『芙蓉の人』、EX『相棒season15』、NHK『いだてん』、映画『空母いぶき』、アニメ『蟲師 続章』など、テレビや映画、アニメなど幅広く活躍中。

イラスト／ 天瀬、Colli、miccaso（50音順）、ほか

デザイン・DTP ／川畑サユリ

校正／関菜津子

編集／鈴木啓子

眠れなくなるほど面白い
図解 数列の話

2021年4月10日 第1刷発行

著 者	松下 哲
発行者	吉田芳史
印刷所	株式会社光邦
製本所	株式会社光邦
発行所	株式会社日本文芸社

〒135-0001 東京都江東区毛利2-10-18 OCMビル
TEL.03-5638-1660（代表）
URL https://www.nihonbungeisha.co.jp/

Printed in Japan 112210325-112210325 N 01（300046）
ISBN978-4-537-21882-4
Ⓒ Akira Matsushita 2021